トイレがつくる
ユニバーサルなまち

自治体の「トイレ政策」を考える

山本 耕平 著
(株)ダイナックス都市環境研究所 代表取締役

イマジン出版

はじめに

　日本のトイレは世界一清潔で快適だといわれています。海外からの観光客の評判が評判を呼び、いつのまにかトイレは日本の自慢のタネのひとつになりました。日本のトイレがここまで発展した背景や経緯は後述しますが、官民あげて様々な分野での総合的な取組みが進んだことが大きな要因です。

　日本のトイレは世界をリードしているといっても、改善すべきことはまだまだあります。インバウンド観光客の増加のみならず、高齢化や少子化、女性の活躍など社会のニーズ変化によって、トイレに対するニーズも多様化しています。災害の多発する日本では、災害時のトイレ対策は急務の課題です。特に2020年の東京オリンピック・パラリンピックではバリアフリー環境を早急に拡充していかなければなりません。こうした課題に対して、筆者は横断的な「トイレ政策」と実行体制の構築が必要だと考えています。しかしながら、行政の中に、トイレ問題を俯瞰的にとらえ、政策や計画を所管する部署はありません。

　トイレを所管する部署は、かつてはし尿処理（汲み取り）との関係から清掃部門で公衆トイレを所管しているところが多かったと思います。公共の場所にはトイレを設置しなければならないので、公園や土木部門が所管しているところもあります。バリアフリーや障害者のトイレについては福祉部門が基準を作ったり、災害トイレは防災部門が担当しています。このように

所管する部門はバラバラで、まち全体としてどのような場所に、どのようなトイレをいくつ整備し、それをどのように管理するのか、という観点からの政策はほとんどありません。

ところで2015年に、当時の有村治子女性活躍担当大臣の発案で「日本トイレ大賞」が募集されました。「女性の活躍のためにはトイレが大事だ」という発想をお持ちになったのはとてもよいことだと思います。公共トイレや学校、駅、道の駅、災害トイレなど28件が受賞し、女性活躍大臣賞のほか文科大臣賞、国交大臣賞、環境大臣賞、防災担当大臣賞など、所管する大臣の賞が設けられました。残念ながら一回で終わりましたが、国が初めてトイレに注目した催しでした。

ちなみに、元環境大臣の衆議院議員鴨下一郎氏は日本トイレ協会の創立時のメンバーです。政治家がトイレの重要性を認識して、政策をリードしていただけることを期待したいと思います。特にSDGs（国連持続可能な開発目標）では、途上国のトイレ問題を取り上げています。日本はこの点でも世界に貢献できるはずで、ここでも政治のリーダーシップが期待されるところです。

さて本書の目的は、トイレがまちづくり、都市整備の中でどのような位置づけにあり、課題は何かを整理すると共に、自治体のトイレ政策はどうあるべきか、どのようにアプローチしていくべきかについて、筆者なりに提案することにあります。部分的には先進的な取組はありますが、実際にはモデルとなるような総合的なトイレ政策やトイレ計画というものはありません。

逆にトイレを考えることを通して、まちづくりの

様々な課題が見えてきます。学校のトイレの問題は、子ども達の健康やいじめの問題につながっています。公衆トイレは迷惑施設だ、ということで建設を反対された自治体では、地域の住民参加でトイレをデザインし、あとの維持管理にも住民が関わるようになったという事例もあります。障害者のトイレについての議論の視野を広げていくと、まち全体のバリアフリー、ユニバーサルデザインに至ります。

　このような意味で、トイレはまちづくりを考える題材として非常に面白く、また一つの取組はさまざまな領域に波及する効果があります。

　筆者は1984年にトイレットピア研究会というトイレの勉強会を立ち上げ、85年に「日本トイレ協会」の設立に関わりました。日本トイレ協会はいろいろな分野の専門家の集まりで、特に公衆トイレ（まちなかや公園などに単独で設置されているトイレ）、公共トイレ（不特定多数が公共的に利用できるトイレの総称、公共施設、駅や高速道路などのトイレも含む概念としてつかっています）の改善をめざして、シンポジウムや研究会の開催、出版物の発行などの活動を行ってきました。

　本書はそうした活動の中で得た情報や研究成果、出版物などをもとに、主に自治体の職員や議員、まちづくりに関わる人たちを想定して書いたものです。読者の皆さんの地域の、トイレ政策検討に資すれば幸いです。

目　　次

はじめに……………………………………………………………………… 3

第1章　トイレの基本

１．なぜトイレなのか ……………………………………………………… 11

　⑴　世界に聞こえる日本のトイレ ……………………………………… 11

　⑵　なぜ日本のトイレが進化したか ………………………………… 12

　⑶　トイレからまちづくりを考える …………………………………… 14

２．排泄とし尿の話 ……………………………………………………… 16

　⑴　排泄について ………………………………………………………… 16

　⑵　便の話 ………………………………………………………………… 16

　⑶　尿の話 ………………………………………………………………… 17

３．トイレの歴史 ………………………………………………………… 18

　⑴　中世のトイレ ………………………………………………………… 18

　⑵　し尿は貴重な肥料だった …………………………………………… 19

　⑶　し尿は「廃棄物」になった ………………………………………… 20

　⑷　水洗トイレの普及 …………………………………………………… 21

　⑸　公衆トイレの歴史 …………………………………………………… 22

４．しゃがみ式から腰掛け式へ―洋式トイレと温水洗浄便座が
　　日本のトイレを変えた ……………………………………………… 25

　⑴　しゃがんで排泄するか座って排泄するか ………………………… 25

　⑵　人はどれくらいトイレで過ごすか ………………………………… 26

　⑶　洋式トイレと温水洗浄便座の普及 ………………………………… 27

第2章　公共トイレの計画‥‥‥‥‥‥‥‥‥‥‥‥‥‥‥‥‥‥‥　29

　1．トイレに関係する法律 ‥‥‥‥‥‥‥‥‥‥‥‥‥‥‥‥‥‥　29

　　⑴　公衆トイレの設置根拠 ‥‥‥‥‥‥‥‥‥‥‥‥‥‥‥　29

　　⑵　建築基準法 ‥‥‥‥‥‥‥‥‥‥‥‥‥‥‥‥‥‥‥‥　31

　　⑶　トイレのバリアフリーに関する法律 ‥‥‥‥‥‥‥‥‥　31

　　⑷　自治体の条例 ‥‥‥‥‥‥‥‥‥‥‥‥‥‥‥‥‥‥‥　32

　　⑸　その他の法律 ‥‥‥‥‥‥‥‥‥‥‥‥‥‥‥‥‥‥‥　33

　2．公共トイレの種類 ‥‥‥‥‥‥‥‥‥‥‥‥‥‥‥‥‥‥‥　34

　　⑴　誰もが使えるトイレの種類と特徴 ‥‥‥‥‥‥‥‥‥‥　34

　　⑵　公共トイレ ‥‥‥‥‥‥‥‥‥‥‥‥‥‥‥‥‥‥‥‥　36

　　⑶　道路、交通のトイレ ‥‥‥‥‥‥‥‥‥‥‥‥‥‥‥‥　37

　　⑷　民間施設のトイレ ‥‥‥‥‥‥‥‥‥‥‥‥‥‥‥‥‥　38

　3．公共トイレの：計画 ‥‥‥‥‥‥‥‥‥‥‥‥‥‥‥‥‥‥　39

　　⑴　公共トイレの適正配置 ‥‥‥‥‥‥‥‥‥‥‥‥‥‥‥　39

　　⑵　公共トイレ設計のポイント ‥‥‥‥‥‥‥‥‥‥‥‥‥　41

　　⑶　公園の トイレ ‥‥‥‥‥‥‥‥‥‥‥‥‥‥‥‥‥‥　44

　　⑷　公共トイレの改修・整備計画の策定 ‥‥‥‥‥‥‥‥‥　47

　4．自然公園、山岳地域、河川敷等のトイレ ‥‥‥‥‥‥‥‥‥　49

　　⑴　インフラが整っていない場所でのトイレ ‥‥‥‥‥‥‥　49

　　⑵　自然公園と山のトイレ ‥‥‥‥‥‥‥‥‥‥‥‥‥‥‥　50

　　⑶　河川敷のトイレ ‥‥‥‥‥‥‥‥‥‥‥‥‥‥‥‥‥‥　52

　　⑷　仮設トイレと自己処理型トイレ ‥‥‥‥‥‥‥‥‥‥‥　54

　2．有料トイレ、チップ式トイレ ‥‥‥‥‥‥‥‥‥‥‥‥‥‥　58

　　⑴　有料トイレの経緯 ‥‥‥‥‥‥‥‥‥‥‥‥‥‥‥‥‥　58

　　⑵　秋葉原の有料公衆トイレ ‥‥‥‥‥‥‥‥‥‥‥‥‥‥　60

　　⑶　チップ式トイレ ‥‥‥‥‥‥‥‥‥‥‥‥‥‥‥‥‥‥　61

目

次

第3章　ユニバーサルデザインのまちづくりとトイレ………… 63

1．バリアフリーとユニバーサルデザイン ………………… 63
(1) バリアフリーとユニバーサルデザインの違い ………… 63
(2) ユニバーサルデザインの原則 …………………………… 64
2．バリアフリー、ユニバーサルデザインに関する制度 ……… 66
(1) 国の法律、制度 …………………………………………… 66
(2) 自治体の取り組み ……………………………………… 69
3．トイレのバリアフリーとユニバーサルデザイン ………… 71
(1) トイレのバリアフリーデザインの変遷 ………………… 71
(2) 公園トイレのバリアフリーデザイン ………………… 73
(3) 多機能トイレについて ………………………………… 74
4．多様なニーズへの対応 ……………………………………… 77
(1) 子どもと子連れファミリーにやさしいトイレ ……… 77
(2) オストメイト …………………………………………… 79
(3) 認知症高齢者のトイレ問題 …………………………… 80
(4) LGBTとトイレ ………………………………………… 82
(5) 外国人への配慮 ………………………………………… 83

第4章　トイレ教育と学校のトイレ……………………………… 85

1．子どもの発育とトイレ ……………………………………… 85
(1) 子どもの発育と排泄 …………………………………… 85
(2) 子どものトイレ ………………………………………… 86
(3) 排泄教育、便育のススメ ……………………………… 87
2．学校のトイレを快適にする ………………………………… 89
(1) 学校トイレがかかえてきた問題点 …………………… 89
(2) 学校トイレ改善の経緯 ………………………………… 90
(3) 学校トイレを改善する視点 …………………………… 93

⑷　設計・デザインのポイント　……………………………………　97

３．「トイレ学習」のススメ　………………………………………　98

　⑴　生徒の参加によるトイレ改善　………………………………　98

　⑵　トイレを題材にした学習　……………………………………　100

　⑶　トイレ掃除について　…………………………………………　101

第５章　災害時のトイレ対策………………………………………　105

１．これまでの災害におけるトイレ問題　…………………………　105

　⑴　阪神大震災のトイレ問題　……………………………………　105

　⑵　東日本大震災のトイレ問題　…………………………………　107

　⑶　トイレと災害関連死　…………………………………………　109

２．災害用トイレの種類　……………………………………………　110

　⑴　災害用トイレの種類と特徴　…………………………………　110

　⑵　携帯トイレの備蓄　……………………………………………　113

　⑶　マンホールトイレ　……………………………………………　115

　⑷　災害用組み立て式トイレ　……………………………………　116

　⑸　適切なトイレの組み合わせ　…………………………………　117

３．避難所トイレの計画　……………………………………………　119

　⑴　避難所トイレの必要数　………………………………………　119

　⑵　避難所トイレのバリアフリー　………………………………　120

　⑶　女性への配慮　…………………………………………………　121

　⑷　仮設トイレのし尿収集　………………………………………　121

４．災害時トイレの計画と下水道のBCP　………………………　122

　⑴　災害廃棄物処理基本計画とトイレ　…………………………　122

　⑵　下水道のBCP　………………………………………………　124

第６章　今後の取り組み課題………………………………………　127

１．清掃・メンテナンスの強化　……………………………………　127

⑴　自治体の管理するトイレはなぜ汚くなるのか　………… 127

⑵　メンテナンスのポイント　…………………………… 129

⑶　清掃業務委託の問題点と改善　…………………… 131

2．公民連携による快適トイレ環境づくり　………………… 132

⑴　トイレのネーミングライツ　……………………… 132

⑵　まちの駅　…………………………………………… 134

⑶　民間トイレの開放　………………………………… 135

3．「トイレ課」の提案　………………………………………… 137

⑴　トイレ担当の統合の必要性　……………………… 137

⑵　「トイレ課」の仕事　……………………………… 138

巻末資料　日常清掃仕様書…………………………………… 140

著者略歴………………………………………………………… 142

トイレの基本

1. なぜトイレなのか

(1) 世界に聞こえる日本のトイレ

　平成の時代に大きく変わったもののひとつにトイレがある。水洗トイレが当たり前になり、温水洗浄便座がないと用が足せないという人も少なくないだろう。家庭のトイレだけでなく、かつては「きたない、くらい、くさい、こわい」4Kの代名詞であった公衆トイレや駅のトイレも、みちがえるほど快適になった。外国人観光客を通して日本のトイレの快適さは世界に聞こえ、今やトイレは日本の自慢のタネである。

　なぜ日本のトイレがこれほどまでに評価されるのか。

　手を触れずにふたや便座を上げ下げしたり、用を足した後は温水が吹き出し、温風で乾燥までしてくれる。水洗もオートマチックで、便器を離れると自動的に流れる。手を洗うときも手を差し出すだけで水やお湯が出る。しかもこの自動水栓は水流で発電して電池もいらない。おそらくこれほどの高度な技術をトイレに応用した国は日本以外にはみあたらない。ハイテクの国をトイレを通して実感するというのが、外国人が驚く理由のひとつであろう。

　われわれから見れば、日本人のトイレ利用者のマナーは必ずしも自慢できるものとは思わないが、それをカバーするメンテナンスやトイレ清掃の質の高さ

が、いつもトイレをきれいに保っている。そのことも外国人の評価を高めている理由である。

国際社会の共通目標であるSGDs（持続可能な開発目標）の6番目に「安全な水とトイレを世界中に」という目標が掲げられているが、世界には23億人もの人が未だに基本的なトイレさえ使用できておらず、約9億人は屋外で排泄しているという。彼我のギャップの大きさには愕然とするが、発展途上国の人たちから見れば、日本のトイレは目標を通り越して手の届かない理想である。

(2) なぜ日本のトイレが進化したか

日本のトイレがここまで進化したのは、平成時代の約30年の間である。それまでトイレは日の当たるテーマではなかった。水洗トイレの普及、洋式トイレ、温水洗浄便座の普及が背景にあり、時期を同じくしてバブル景気によって自治体の財政が潤っていた時代に、先見の明がある自治体がまちづくりの象徴としてデザイン化されたトイレをつくったり、福祉のまちづくりの一環としてトイレ改善に取り組んだりするようになってきたことなどがきっかけである。

筆者らは1984年4月に、自治体や国、トイレ機器メーカー、建築、デザイン、環境、医療など、いろいろな分野の専門家による公共トイレの勉強会（トイレットピア研究会）を始めた。当時、全国で空き缶などのごみのポイ捨てが大きな社会問題になっており、筆者は京都をはじめとする観光地で様々な調査を行っていた。その過程で気になったのがトイレである。いずこのトイレも汚く、公衆トイレは清掃もされず、紙もなく、壊れた鏡は修理もされず……といった状況が

普通に見られた。ごみのポイ捨ては捨てる人（すなわ
ち観光客）が悪い、という問題でもあるが、「観光地
を適切に清潔に維持する」という視点からはその地域
の管理者（たいていは行政）の清掃などの管理体制の
不備も指摘されなければならない。その指標がトイレ
である、というのが筆者が得たひとつの問題意識で
あった。

　トイレットピア研究会では自治体にアンケート調査
をしたり、メンバーが出張ついでに各地のトイレの写
真を撮ってきたり、そんなところから始めた。トイレ
の会というのが珍しく、ある大手紙に紹介されたこと
をきっかけに次々とメディアにとりあげられた。その
勢いのままに「トイレ革命」の火の手をあげんと、
1985年5月に日本トイレ協会を設立して現在に至っ
ている。

　筆者らの関心は、当初は公園や街角にある「公衆ト
イレ」であった。設置者、管理者は市町村だが、設置
場所によってセクションが違う。例えば公園のトイレ
は公園課だが駅前のトイレはごみやし尿処理の担当で
あったりする。

　小さい公園ではトイレを置かないという自治体も多
く、子供たちはトイレに行きたくなると家まで走って
帰る。となりに図書館や公民館があっても、公園の利
用者にトイレを案内する表示もない。シャッター通り
になりつつある商店街にはトイレがないので、トイレ
の頻度が高い子供や高齢者はちょっと遠くても郊外の
スーパーに行ってしまう。

　車椅子トイレはほとんどなく、規格も定まっていな
かった。公衆トイレに車椅子トイレがある事例は希有
だった。今、高速道路のトイレは設備面でも清掃や維

持管理面でもすばぬけてレベルが高いが、当時は障害者団体などがサービスエリアやパーキングエリアに車椅子対応のトイレの設置を働きかけているような段階だった。

　こうした実態を見たり聞いたり、いろいろと調査するなかで、バリアフリーやユニバーサルデザインの観点から、公共的に利用するトイレを一元的にとらえて考えていく必要があるという結論に至った。公衆トイレ（公衆便所）、公園のトイレ、公共施設のトイレ、駅や交通機関のトイレなど、公共的な利用に開放されたトイレを「公共トイレ」として、その改善を図っていこうということである。

⑶　トイレからまちづくりを考える

　逆にいうと、トイレを通してまちづくりを考えるといろいろな課題が見えてくるのである。たとえば車椅子のトイレがないということは障害者の社会参加がしにくいということである。後述するが、学校のトイレはしばしば「いじめ」の場所になっていた。その理由はトイレが汚いこと、トイレに行くことが恥ずかしいこと、トイレが学校の死角になってきたこと等である。観光客を呼び込むにはおもてなしの心がこもったトイレが大事である。災害においてもトイレは大事だ。防災対策としてトイレに備えることは当たり前になっているが、阪神大震災を経験するまではほとんど軽視されてきた。政府が進める働き方改革や女性の参画、ジェンダーの問題にもトイレは重要な関わりを持つ。たとえば、建設現場などで女性が働きやすい環境をつくるためにはトイレが必要である。LGBT の人権という点から、トイレをどうするべきか、新しい問題

として提起されている。

　トイレは人間の生活の基本であり、都市においては基本的なインフラとして考えなければならない。まちづくりのテーマはいろいろあるが、その基本には安心して使えるトイレがなければならない。このような視点から「トイレ環境」を行政と民間が協働して整備していくべきだ。また、トイレを使わない人はいないので、トイレの話題にはどんな人でも参加できる。その意味でもトイレを入り口としてまちづくりを議論することができる。

　まさに「まちづくりにはトイレが大事」である[i]。

まちづくりとトイレの関係

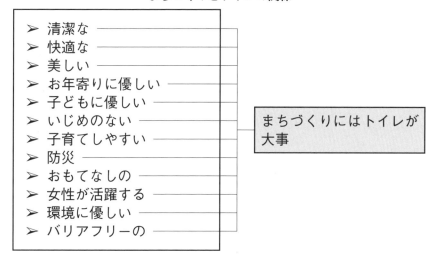

2．排泄とし尿の話

⑴　排泄について

　排泄とは、摂取した水や食べ物から必要な養分を吸収し、不要になった老廃物を大便、小便の形で身体から出すことで、食べることと排泄することはどちらか一方でも滞ると生命が脅かされることになる。当たり前だがこの重要な事実に関心の乏しい行政が少なくない。災害時の計画に水や食料は入っていても、トイレの計画は不十分だ。学校給食には関心があっても、学校のトイレ問題にはなかなか関心が及ばない。食べることと排泄することはセットで考えてほしいと思う。

　ところで排泄には大便と小便があるが、両者は医学的にはまったく異質のもので、大便は摂取した食べ物が消化器官を通って消化・吸収されたあとの残さと細菌のかたまり、尿は余剰な水分や血液が濾過されてつくられるもので体内の老廃物や有害物を体外に排出する役割を担っている。ちなみに医学的には大便のことを「便」といい、小便は「尿」という。便や尿を処理する立場からは便と尿をいっしょにして「屎尿（しにょう）」または「糞尿」という。「屎」はくそのこと。常用漢字ではないので「し尿」と交ぜ書きされる。

⑵　便の話

　健康な大人の場合、排便の回数は大便が１日１回、小便は５〜６回程度である。

　便の80％は水分で、食べ物のカスは５％程度、その他は腸内細菌や新陳代謝で剥がれ落ちた腸壁細胞である。便の量については、1960年代にアイルランドの外科医デニス・バーキット博士の研究がある。それによると、食物繊維を多食するアフリカの農村地域の

成人は1日に400〜500g、肉食中心の欧米人は80〜120gだそうだ。博士は食物繊維を多く取る人は、大腸がんなどの病気が極めて少ないということを明らかにしている[ii]。

　日本人が米を多食していた時代は400gもあったという話を、西岡秀雄初代トイレ協会会長（故人、当時慶応大学名誉教授）が書き残している[iii]。

　健康面からは毎日バナナ1〜2本分程度、200〜250グラムの便が出るのが理想的といわれており、仮に日本人が毎日200グラムの便を排出しているとすると、毎日25000トンもの便を処理していることになる。

(3)　尿の話

　人間の身体の約60％は水分でできている。水分の摂取量と体外への排出量がバランスを保つために、余剰な水分は尿や皮膚からの発汗、呼吸などで排出される。身体が摂取する水分には飲み水や食べ物の中に含まれる水のほか、栄養素がエネルギーになるときに生成される「代謝水」がある。体外から摂取する水と代謝水の総量は1日約2,500mlで、内訳は飲料水約1,000ml、食事から摂取する水約1,200ml、代謝水約300mlである。

　また、摂取する水分とほぼ同量の水分が体外に排出されている。その内訳は尿として1,400ml、便として100ml、汗として600ml、呼気として400mである。成人一人あたりの尿量は体重1kgあたり20〜25mgで、体重60kgの人の場合で1200〜1500mlである。昼間の排尿回数は4〜7回で、2〜3時間に一回程度、一回の排尿量は200〜400mlコップ1〜2杯分になる。トイレの計画を考える時には、1人当りの排尿回

数を考慮する必要がある。

3. トイレの歴史

(1) 中世のトイレ

　トイレはいうまでもなく排泄の場所である。大便、小便をする場所という意味で「便所」と呼ばれてきたが、現在ではトイレが一般的だ。手洗い、洗面所、化粧室と呼ぶこともあるが、こうした呼び方も最近では聞かれなくなりつつある。法律ではほとんどが「便所」だが、行政文書でも「トイレ」が普通に使われるようになっている。

　トイレには古来いろいろな呼び名がつけられてきた。古い呼称の一つに「かわや」（厠）がある。中国では「し」と読み、トイレのことである。かわやの語源は「川屋」で、川の上の小屋で排泄したところから生まれたと考えられている。高野山にはこのようなトイレがあったそうで、僧坊のトイレは水洗で、井戸の水を台所や風呂へ給水してその余り水や排水でし尿を川に流す仕組みになっていたそうだ。

　平安時代の貴族は「しのはこ」（尿の箱）や「ひばこ」（樋箱）、「こし」（虎子）などと呼ばれた要するに「おまる」を使っていた。ひばこには手すりのような着物の裾をかける部分がある。このひばこが固定され、今日のような和式の便器に形を変えていったと考えられる。しゃがみ式の便器は日本だけではないが、和式便器では「きんかくし」と呼ばれる前方の立ち上がり部分が特徴である。もともとの用途からいえば、和式便器はきんかくし部分を後ろにしゃがむのが正しいということになるのだろうか。

し尿を桶や壺に溜める汲み取り式便所は、鎌倉時代末期頃から普及したと考えられている。し尿の農業利用については諸説があるが、早ければ汲み取り式便所の現れた8世紀ごろ、遅くとも平安時代末期から鎌倉時代初期ごろには、かなり広く行われるようになっていたと考えられる。

ちなみに鎌倉時代の禅寺では、トイレの使い方や掃除の仕方が仏道修行の作法になった。「東司」(とうす)、「西浄」(さいじょう)、「後架」(こうか)、「雪隠」(せっちん)、「せんち」(せっちんから転じて)などは、禅寺からきたトイレの呼称である。トイレの呼び名としては、そのほかに「ご不浄」、「憚」(はばかり)、「手水」(ちょうず)などがある。静かに思索する場所という意味で「閑所」(かんじょ)というのもある。「便所」は後生につくられた言葉である。

(2) し尿は貴重な肥料だった

し尿の農業への利用は日本のトイレの特徴である。信長と会見したポルトガルの宣教師ルイス・ロイスは書き残した「日欧文化比較」[iv]の中で日本の町には共同便所が目立つことや、汲み取り人がコメや金を支払ってふん尿を買い取っていることを紹介している。

江戸時代には、し尿は、貴重な肥料として有価で取引されていた。江戸の人口は百万人以上もあり、そこから出るし尿は、農作物をつくるために大量の下肥を必要としていた江戸近郊の農民たちによって汲み取られ運ばれた。江戸から東部の村々へは、縦横に伸びた水路を利用して運搬していた。この舟を「葛西舟」と呼ぶ。汲み取る側が金銭または野菜で謝礼を出していた。

明治時代のお雇い外国人の一人で大森貝塚を発見したことで知られる E.S. モースは、生活風俗や習慣を詳しく書き残している。その中で東京の死亡率がボストンよりも少ないことに驚き、その理由は都市から排出されるし尿が農園や水田に肥料として利用されることにあり、「東京のように大きな都会でこの労役が数百人のそれぞれ定まった道筋を持つ人々によって遂行されているとは信用できぬような気がする」[v] と述べている。

(3) し尿は「廃棄物」になった

　しかし開国以降、都市への人口移動と貿易拡大に伴い、コレラやペストなどの伝染病の流行が相次いだ。政府は「伝染病予防法」（1897）など公衆衛生に関する法律のひとつとして「汚物掃除法」（1900）を制定した。廃棄物処理に関する最初の法律である。ここでいう「汚物」とは、主に生活排水やし尿を意味し、市に「汚物ヲ掃除シ清潔ヲ保持スルノ義務」を定めた。この時から、ごみとし尿の収集が市町村の事務として位置付けられることになった。大都市では肥料として有価で汲み取ることがだんだんできなくなり、汲み取り費用を支払って処理してもらうようになった。

　し尿の処理については、戦後も農村地域では一部を下肥として使っていたが、GHQ によって禁止され、し尿処理施設で処理する体制を整えていった。しかし東京をはじめ、処理しきれないし尿を海洋投棄していた時代もある。

　1970 年に制定された「廃棄物処理法」では、し尿はごみとともに一般廃棄物に含まれ、市町村に処理の責任を定めている。

⑷ 水洗トイレの普及

水洗トイレは、戦後の上下水道整備が進んでからである。水洗トイレによって、家屋のトイレ構造も大きく変わった。バキューム車は川崎市が1951年（昭和26年）に開発、導入したのが最初で、昭和30年代ではまだ柄杓で汲み取り、「肥桶」で運搬していた。汲み取りトイレは汲み取り口が道路に面している必要があり、トイレは家の離れに置かれていた。

住宅のトイレ設計にもっとも影響したのは、住宅公団の公団アパートだ。積層の集合住宅では各戸に汲み取りトイレをつくるわけにはいかず、水洗トイレがつくられるようになった。また狭い空間に大・小便器と手洗い器を設置することは難しいため、大便器と小便器を兼ねた便器（その後、列車のトイレに使われたので「汽車便」といわれる）を開発したり、公団アパートで洋式便器を導入したことが洋式便器普及のきっかけとなった。

水洗トイレでは水回りの配管を効率的にするために、トイレが家の中に配置されるようになった。洋式トイレの普及によって、男性用の小便器が家庭から消えた。是非は別として、男の子が立って小便できないという、笑い話のような実話が学校関係者から聞こえるようになっている。

水洗トイレのインフラは下水道と下水処理場である。公共下水道は管路の敷設に莫大な経費がかかるため、農村や都市郊外では浄化槽やコミュニティプラント、農村下水道などの各戸処理やミニ下水道が先行した。浄化槽にはし尿だけ処理する単独処理浄化槽と、風呂や台所の排水も併せて処理する合併処理浄化槽がある。単独浄化槽では生活排水は未処理のまま公共水

域に排出されるため 2001 年 4 月に新設が禁止され、現在は合併浄化槽のみが新設の浄化槽として認められている。

　2016 年度の総人口 12,792 万人のうち、水洗化人口は 12,099 万人（94.6％）である。うち公共下水道人口が 9,506 万人（74.3％）、浄化槽人口（合併処理浄化槽、単独処理浄化槽、コミュニティプラント）が 2,593 万人（20.3％）となっている。非水洗化人口は 693 万人でわずか 5.4％にすぎない。

し尿処理形態の推移

	H19	H20	H21	H22	H23	H24	H25	H26	H27	H28
非水洗化人口	12.3	11.8	10.8	10.1	9.5	9.0	8.3	7.8	7.3	6.9
単独処理浄化槽人口	15.9	15.4	14.7	13.9	13.3	13.1	12.4	11.8	11.4	11.0
合併処理浄化槽人口	14.3	14.3	14.1	14.4	14.6	14.6	14.8	14.9	14.9	14.9
公共下水道人口	85.0	86.0	87.8	88.9	89.8	92.0	92.9	93.7	94.5	95.1

（縦軸：人口（百万人））

出典：一般廃棄物排出及び処理状況について（環境省）

⑸　公衆トイレの歴史

　江戸時代には街道に簡易な塀で囲った桶を置いた小便用のトイレがあったそうだ。尿を肥料として利用するためだ。1871 年（明治 4 年）に神奈川県は開港場として外国人が増えてきた横浜に「路傍便所」の設置を示達し、町会所の費用で簡易な「公同便所」が 83

カ所につくられたが、樽を地面に埋めて囲いをしただけの江戸時代と変わらない粗末なもので、評判は芳しくなかった。

　そこで薪炭商だった浅野総一郎（浅野セメントの創業者）が改造公同便所の設置を申し入れ、1879年に私財を投じて洋風六角形という画期的なデザインのトイレを63カ所に設置した。これが日本で最初の公衆トイレである。中央には換気のための塔が立ち、3カ所ある入り口から中に入ると、3つの大便ブースに囲まれるように小便器が配置されている。浅野総一郎は毎朝4時に起き、これらのトイレを見回り、汚れているところがあれば人夫を差し向けて清掃させたそうだ。また糞尿の処理を一手に扱い、近郊農村だけでなく千葉県にまで輸送し、肥料として売りさばいて利益を得たといわれている。

　公衆トイレが飛躍的に整備されたのは、1964年の東京オリンピックがきっかけである。東京オリンピックはトイレに関するいろいろなレガシーを残している。現在の東京都内の駅前や町中にある公衆トイレの多くは、このときに設置されたものである。また仮設トイレや移動便所もこの時期に開発されている。もっとも大きなレガシーはピクトグラムだろう。トイレのサインに使われている男女のピクトグラムは、このときの組織委員会デザイン専門委員会で検討、制作されたものである。

　その後、トイレが社会的に注目を集めるようになるのは80年代の半ば以降である。安定成長へと時代が転じたなかで、自治体も足下のアメニティーに目を向けるようになってきた。このような流れの中で、例えば名古屋市や広島市では景観に配慮したデザインのト

イレをつくったり、鳥取県の倉吉市では「長寿社会計画」を策定してバリアフリートイレをまちの中につくるなど、公衆トイレの見直しに取り組む自治体が出てきた。

　筆者らがトイレに注目し、トイレットピアの会という研究会をたち上げ、日本トイレ協会を設立したのはこの頃である。1986年一月に日本トイレ協会は静岡県伊東市で「第一回全国トイレシンポジウム」を開催した。このことがきっかけとなって、各地で公衆トイレの整備や見直しが広がっていった。

浅野総一郎の改良公同便所（模型）

大田区立郷土博物館制作・蔵

4．しゃがみ式から腰掛け式へ——洋式トイレと温水洗浄便座が日本のトイレを変えた

(1) しゃがんで排泄するか座って排泄するか

　人間の自然の排泄スタイル（大便）はしゃがんでやるカタチだが、現在の日本ではほとんど腰掛け式で排泄するようになった。しゃがみ式は和式、腰掛け式は洋式と呼ばれているが、便器の形状は違うがしゃがみ式の便器はアジアの国々で広く普及している（ヨーロッパでも「アラブ式」「トルコ式」などと呼ばれる便器を見かける。）。

　海外でのホテルや空港などのトイレを見ると、腰掛け式が世界標準のようだが、アジアの多くの国ではしゃがみ式がポピュラーで、男性の小便もしゃがんでするところもある。昔、日本人が洋式便器の便座の上にしゃがんで用を足したという話があったが、現在では外国人観光客が日本で同じような「間違い」をするケースもある。

壁を背に、穴の上にしゃがむ

しゃがみ式は便器が肌に触れることがない、多少は汚れていても利用できる、というメリットがあり、公共トイレでは標準的だったが、現在ではどんどん腰掛け式に置き換わっている。

　排尿は男性の場合は立って行うが、女性が立って行うところもある。逆に中東などでは男性もしゃがんで排尿する。排便の後始末については、ほとんどの国がトイレットペーパーなどの紙で拭くが、イスラム圏では水で洗うことが基本である。公共トイレには洗うための水がためてあったり、洋式便器には小型のシャワーのようなホースが付いていたりする。日本でシャワートイレがない場合は、手洗いから水を汲んでいくという人もいる。

　このように、排泄のスタイルは文化や習慣によって違うということも、よく理解しておく必要がある。

(2)　人はどれくらいトイレで過ごすか

　トイレが大事だということを、別の観点からみてみよう。われわれ人間は、生涯のうちどれくらいトイレで時間を過ごすかということである。生活の中で長く過ごすスペースは、より安全で快適でなければならない。

　前述したように、健康な大人の排便回数は1日1回、小便は5〜6回程度である。オムツを使う時代を除いて人生80年間トイレを使うとして、大便365回×80年＝2万9,200回、小便6回×365日×80年＝17万5,200回となる。

　社団法人空気調和・衛生工学会のトイレの適正器具数算定根拠となっているデータでは、男子の大便器占有（使用）時間は5分、小便器は30秒、女子は90秒

となっている。筆者らが1985年に横浜市の公衆トイレで行った実態調査では、男子大便器占有時間は4分、小便器は43秒、女子は112秒だった。

これらの数字をもとに試算すると、男性は生涯で大便器に座っている時間は1950〜2400時間、小便器に向かっている時間は1460〜2092時間となり、あわせて3410〜4492時間（約5〜6ヶ月）、女性は5110〜6359時間（約7〜9ヶ月）もの時間をトイレで過ごしていることになる。手洗いや化粧などの時間を含めると、実際にはもっと長い時間を過ごしている。

(3)　洋式トイレと温水洗浄便座の普及

総務省の住宅・土地統計調査によると、2008年の時点で洋式トイレの保有率は89.6％になっている。内閣府が2018年3月にまとめた消費動向調査によると、温水洗浄便座の一般世帯での普及率は80.2％で、100世帯当たりの保有数量は113台となっている。日本人のほとんどは、快適で清潔なトイレ環境を享受しているわけである。上記のトイレ占有時間は和式トイレがほとんどの頃の調査なので、おそらく現在ははるかに長い時間をトイレで過ごしているに違いない。

このように家庭のトイレが変わってくると、外で使うトイレへの要求水準も上がる。ホテルやデパートでは温水洗浄便座が当たり前になり、公共トイレも和式トイレから洋式トイレにどんどん変わっている。トイレを目玉施策として取り上げて、景観やデザイン面から斬新なトイレが出現し、観光地ではトイレに名前をつける自治体まで出てきてびっくりしたものである。こうして4K（きたない、くらい、くさい、こわい）と言われてきた公共トイレの見直しが進められるよう

になった。現在、インバウンド観光対策やバリアフリーの観点から、あらためて公共トイレのあり方が注目されるようになっている。

　また文科省は学校トイレの洋式化を進めている。今の子ども達は、ふだん和式トイレを使っていない。トイレが使えないことによる健康への影響も見逃せなくなってきたからである。平成時代の30年間でわが国のトイレは大きく変貌し、生活のなかで大きな位置を占めるようになってきたといえる。

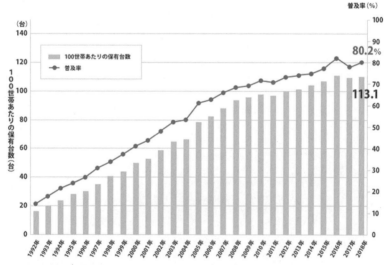

温水洗浄便座の普及率推移

※内閣府消費動向調査
出典：日本レストルーム工業会ホームページより

---

i　山本耕平「まちづくりにはトイレが大事」（1996、北斗出版）
ii　デニス・バーキット「食物繊維で現代病は予防できる」（1983、中央公論社）
iii　西岡秀雄「トイレ研究の現状と学際的アプローチ」（1987 地域交流センター『トイレの研究』）
iv　「ヨーロッパ文化と日本文化」岩波文庫
v　E.S. モース、石川欣一訳「日本その日その日 1」東洋文庫

公共トイレの計画

1．トイレに関係する法律

(1) 公衆トイレの設置根拠
●廃棄物処理法

　市町村が公衆トイレを設置する根拠法令は「廃棄物処理法（廃棄物の処理および清掃に関する法律）」である。「第5条　清潔の保持等」の第6項に「市町村は必要と認める場所に、公衆便所及び公衆用ごみ容器を設け、これを衛生的に維持管理しなければならない」と定めている。さらに第7項では「便所が設けられている車両船舶又は航空機を運航するものは当該便所にかかるし尿を生活環境の保全上支障が生じないように処理することに努めなければならない」と定めている。

　しかし設置場所や数、設備の内容などについての明文の規定はなく、市町村の裁量に任されているため、各市町村での公衆トイレの整備水準はさまざまである。

　廃棄物処理法で家庭から発生する「ふん尿」や浄化槽汚泥は、「一般廃棄物」として市町村に処理責務が規定されているので、汲み取り作業や処理は市町村が行っている（収集は民間委託が多い。処理は市町村の施設で行う。）。事業活動にともなって排出される一般廃棄物は、市町村が許可した業者が収集することになっており、したがって工事現場やイベントで仮設ト

イレを設置した場合は、許可業者に汲み取りを依頼しなければならない。

●都市公園法

公園のトイレの設置根拠は、都市公園法に定められている。都市公園法では、トイレは公園施設の中の便益施設として位置付けられている。都市公園における便所の必要箇所数に関する基準はないが、「都市公園技術標準解説書」で標準的な便器数と規模が解説されており、公園設計者はこれに準じてトイレを設置している。ただし公園内の建物面積は、公園面積の2%以内という規定があり、設計上の制約になっている。

2006年にバリアフリー法が制定され、公園施設においてもスロープの設置や高齢者、障害者に配慮したトイレの設置などの基準が省令で定められている。

●自然公園法

自然公園内に設置されている公衆トイレの設置は、自然公園法に定められている。

自然公園法は、国立公園・国定公園・都道府県立自然公園（以上3種を自然公園という）の指定、その保護と利用、公園の事業費用の負担などについて定める法律である。自然公園には生態系の保護とレクリエーションとしての利用という両面がある。自然公園に指定された区域で、保護計画と利用計画がつくられる。利用計画地には原則としてトイレが計画されるが、設置場所やデザインまで自然保護の観点から厳しく規制されることになる。

自然公園は公園ごとの利用状況が異なるので、単純な基準で配置や数を決めることは困難である。また当該地域の自然保護のためにし尿の処理方法などの課題もあり、都道府県を含め自然公園管理者は様々な工夫

をしている。

(2) 建築基準法

　建築基準法は建築物の設計に関する基本的な法律であるが、意外なことにトイレの設計の基準は、第31条第1項に「下水道の処理区域内ではトイレは水洗でなければならない」という規定と、第2項に「トイレの汚物を公共下水道以外に流す場合は、浄化槽を設けなければならない」という規定があるのみである。

　同法施行令では、第28条に「便所の採光及び換気」、第29条に「くみ取便所の構造」等の規定がある。しかしこれらの条文は衛生的観点から汲み取りトイレの構造などを定めたもので、水洗トイレについての規定ではない。なお合併処理浄化槽の構造については建築基準法施行令第35条に定められている。

　また第53条の建ぺい率（建築面積の合計の敷地面積に対する割合）に関する条文の中で、「巡査派出所、公衆便所、公共用歩廊その他これらに類するもの」については建ぺい率の基準が適用されないとされており、単独の建物として建設される公衆トイレは、一般の建築物とは違う位置づけになっている。

(3) トイレのバリアフリーに関する法律

　バリアフリーデザインは、70年代はじめに全国各地で広がった障害者の社会参加や生活圏拡大運動が行政を動かし、国の「福祉のまちづくりモデル事業」や先進的な自治体によるバリアフリーの環境整備のための要綱策定、バリアフリーデザインのガイドライン作成などにつながっていった。国連は1981年を「国際障害者年」とし、各国に障害者施策の取組を求めた。

1994 年に建築物のバリアフリー促進を目的とした「ハートビル法（高齢者、身体障害者等が円滑に利用できる特定建築物の建築の促進に関する法律）」が制定され、やや遅れて 2000 年に「交通バリアフリー法（高齢者、身体障害者等の公共交通機関を利用した移動の円滑化の促進に関する法律）」が制定された。2006 年には「ハートビル法」と「交通バリアフリー法」を統合して改正・拡充して「バリアフリー法（高齢者、障害者等の移動等の円滑化の促進に関する法律）」となった。バリアフリー法では、整備対象として学校・病院・劇場・百貨店・ホテル等の不特定多数が利用する施設を規定している。

　建築物については、床面積の合計が 2000 平方メートル以上の対象建築物を建築する場合、車椅子やオストメイト対応のトイレ[i]整備が求められている。また同法によって 50 平方メートル以上の公共トイレはバリアフリートイレにすることが求められている（施行令第 9 条、第 14 条など）。

　同法は 2018 年に改正・強化された（バリアフリー新法）。

⑷　自治体の条例

　トイレに関する自治体の条例としては、公衆トイレの設置や管理を目的として定めた「公衆便所条例」や「公衆便所の設置及び管理に関する条例」などの名称の条例がある。これらの条例は、公の施設の設置及び管理は条例で定めなければならないという地方自治法にもとづいて制定されたものだが、公衆トイレは行政財産として管理されれば足り、公の施設としての条例制定事項ではないとする見方もあるため、すべての自

治体で制定されているものではない。条例に定められ
ている事項は、設置場所や名称、利用時間などのほか、
利用者に対して破損、汚損させてはならないとの規定
などである。

　福祉のまちづくり条例では、公共施設や商業施設な
どのトイレのバリアフリー対応について定めている。
バリアフリー法とも連動しながら自治体ごとに対象施
設を定め、バリアフリートイレの設置を義務づけてい
る。東京都の福祉のまちづくり条例では、ユニバーサ
ルデザインの理念の下、東京を高齢者、障害者、子ど
も、外国人などを含めたすべての人に配慮した都市施
設の整備をうたっており、トイレについては条例にも
とづく施設整備マニュアルで詳しい設計基準を示して
いる。

　条例ではないが、京都市や神戸市、船橋市などでは
要綱にもとづいて、民間施設のトイレを観光客等に開
放してもらい、維持管理費の一部を助成する制度を設
けている。

⑸　その他の法律

●労働安全衛生法
　オフィスのトイレに関する基準は、労働安全衛生法
の「事務所衛生基準規則」に定められている。これに
よると、トイレは男性用と女性用に区別すること、男
性用の大便用ブースは同時に働く男性労働者60人以
内ごとに1個以上とすること、小便器は30人以内ご
とに1個以上とすること、女性用のブース数は20人
以内に1個以上とすることと定められている。
●雨水の利用の推進に関する法律
　2014年に水資源の節約という観点から定められた

法律である。公共機関は雨水を貯留して「水洗便所の用、散水の用その他の用途に使用すること」を進めることを定めている。国は雨水の利用に関する総合的な施策を策定すること、自治体は区域の自然的社会的条件に応じて、雨水利用の推進に関する施策を策定、実施するよう努めなければならないと定めている。

2．公共トイレの種類

⑴　誰もが使えるトイレの種類と特徴

　誰もが使えるトイレには、トイレが単独の建物になっているいわゆる公衆トイレや公園トイレのほかに、交通機関、商業施設、道の駅などいろいろなトイレがある。

　本書では、自治体が設置・管理するトイレを公衆トイレとし、鉄道、高速道路、道の駅など公共性の高いセクターが設置管理しているトイレを含めて公共トイレと呼んでいるが、利用者の立場から言えば民間のトイレでも誰もが自由に使えるトイレは公共トイレといえるかもしれない。言い換えれば公衆トイレ以外にだれもが使えるトイレは非常に多いということがいえる。これら広義の公共トイレも含めて、自治体のトイレ計画について考えてみたい。

　高橋志保彦氏は、誰もが使えるトイレを公共（公衆）トイレ、公開トイレ、公仕トイレ、と分類している。

　①公共（公衆）トイレ：一般的にいう公衆トイレ。公園などの公共用地に国や自治体が主として公的資金で設置、管理する公共施設。

　②公開トイレ：民間が作り維持管理をするものでかなり自由に使えるトイレで、デパート、スーパー、駅

ビル、商店街などの商業施設、駅のトイレ、高速道路のSA、PAの休憩施設のトイレ。

　③公仕トイレ：コンビニ、ガソリンスタンドなどのトイレで、理解ある経営者の住民へのサービスであり利用者はお願いして使わせてもらう。

　この分類はわかりやすいが、公開トイレ、公仕トイレという呼び方は一般的ではないので、本書では自治体など公共セクターが法律等に基づいて設置している単独のトイレ（公共用地、公園などの単独のトイレ）を「公衆トイレ」と呼ぶこととし、図書館や公民館などの公共の建物内にあるトイレを含めて「公共トイレ」とする。

誰もが使えるトイレの分類

分　類			特　徴
公共的に利用できるトイレ			
	公共トイレ		
		公衆トイレ	自治体など公共セクターが法律等に基づいて設置している単独のトイレ（公共用地、公園、河川敷などの単独のトイレ）。自治体の他に自然公園などでは国が設置するトイレなどもある。
		公共施設のトイレ	図書館、公民館、役所など行政の建物や公共施設のトイレで、執務時間内であれば誰でも使えるように開放されているトイレ。道の駅のトイレ。観光案内施設等のトイレ。
		公共交通のトイレ	高速道路、鉄道、空港等のトイレ。
	商業施設のトイレ		地下街、ショッピングセンター、大型商業ビルなどのトイレ。
	まちの駅		まちの駅として来街者に開放している民間のトイレ
	民間トイレの開放		コンビニのトイレ、市民トイレ・観光トイレなど

　また、上記表では公共的に利用できるトイレとして、民間のトイレも含めている。コンビニやガソリンスタンドのように、店舗のオーナーが好意で提供するトイレは公共トイレに含まれないが、「まちの駅」（登録の要件として誰でもトイレを使えることとなっている）や市の条例や要綱にもとづいて開放されている民間のトイレ（市民トイレ・観光トイレ）は広義の意味

での公共トイレとみなして、自治体のトイレ計画の中に位置づけて考える必要がある。

　なお、公共トイレの設置や計画論の対象は、主にここでいうところの公衆トイレと公共施設等のトイレを含む「公共トイレ」であり、駅や交通機関、商業施設等のトイレについて述べる場合はその旨を記述している。

⑵　公共トイレ

●公衆トイレ

　各種の法律では、利用者の利便のために設置するトイレは「公衆便所」と表記されている。廃棄物処理法にもとづいて都市の清潔の保持のために設置するトイレ、公園施設の便益施設として設置するトイレ、自然公園内に設置されるトイレなどである。本書では自治体が設置・維持管理するこれらの「公衆便所」を、「公衆トイレ」と呼ぶことにする。公衆トイレは単独の建物として設置されるケースがほとんどだが、休憩所などの建物に付随して設置されているものもある。

　これらのトイレは公的な資金で建設され、維持管理されるという意味で公共施設である。そのため公の施設として「公衆便所の設置及び管理に関する条例」を定めている自治体は少なくない。

●公共施設のトイレ

　図書館や公民館など広く一般利用を想定している施設のトイレだけでなく、公共的な建物のトイレは公共トイレとしてまちづくりの中に位置づけていく必要がある。特に公衆トイレでは整備が立ち後れいてる車椅子対応トイレやオムツ替え、授乳スペースなどは、福祉施設や病院などのトイレを使えるようにしたり、設

備を拡充したりすることで確保することが可能である。公衆トイレの立地が難しく「トイレ過疎」のエリアでは、公共施設のトイレとネットワークすることで来街者の利便を図ることができる。

⑶ 道路、交通のトイレ

●道の駅のトイレ

　高速道路のSAやPAのトイレは、高速道路の利用者の利便のための施設であり、公衆トイレではないが、一般道の「道の駅」のトイレは公衆トイレである。

　もともと道の駅は、一般道にトイレがないことの問題意識から出てきたアイデアで、物産やお土産を販売する機能は道の駅本来の機能ではない。道の駅は市町村または公的セクターが設置する一般道の休憩施設で、一定の要件を満たした施設を国土交通省に登録したものである。要件としては、「休憩目的の利用者が無料で利用できる十分な容量の駐車場と清潔な便所を備える」が第一の要件で、「駐車場・便所・ベビーコーナー・電話は24時間利用可能であること」となっている。また施設はバリアフリー化がはかられていること、道路や地域の情報を提供する案内コーナーがあること、等が必要である。（国土交通省：「道の駅」登録・案内要綱）

●公共交通のトイレ

　鉄道を利用する機会の多い都市部では、鉄道駅のトイレは公共トイレと呼んでも差し支えなかろう。ローカル鉄道では改札外にトイレが配置されているケースも多い。また地方都市ではバスターミナルのトイレも重要な役割を担っている。駅のトイレはバリアフリー法にもとづく移動等円滑化の促進に関する基本方針

（2011 年 3 月）で 1 日当たり利用者数が 3,000 人以上の駅は 2020 年までに原則として全てについて、段差の解消、視覚障害者の転落防止等のバリアフリー化が義務づけられた。この中で「便所がある場合には障害者対応型便所の設置等の移動等円滑化を実施する」と示されている。

　ただし、この基準では大都市の駅以外は対象とならないので、自治体が実態に応じて鉄道事業者に協力を求めていくことが必要である。

⑷　民間施設のトイレ

●商業施設のトイレ

　駅ビルやショッピングモール、デパート、大型スーパー、地下街などの大型商業施設のトイレは、施設がオープンしている時間内は自由に利用できるために、公共トイレとしての性格を持っている。大型商業施設のトイレは集客にもつながるため、バリアフリー化にとどまらず温水洗浄便座の設置、化粧室や授乳室の設置など設備面ではグレードが高い。商業施設のトイレについては、全国の商業施設やショッピングセンター関係者らで構成する「全国トイレ連絡会議」があり、設計や維持管理のレベル向上のために毎年大会を開いて情報交換を行っている。

●コンビニ等の民間のトイレ

　コンビニのトイレは都市部では立地の密度が高いことや、郊外では駐車スペースがあることなどから利用しやすい。災害時の対応としてコンビニとトイレ開放の協定を締結する自治体が増えるなど、コンビニトイレを一般に開放する例が増えてきている。しかし防犯などの課題もある。

行政との協定によって、民間の商業施設や自治体以外の公共施設のトイレを一般の利用に開放している例として、神戸市の「市民トイレ」制度がある。市民トイレ制度は、管理者の善意で、公共施設や民間施設内の既存のトイレを市民トイレとして開放してもらい、一般市民が広く利用できるようにする制度である。市街地では新しく公共トイレを作ることが難しいことから30年以上前に始まった制度で、2017年4月時点で129箇所の市民トイレがある。

類似の制度として、京都市の「観光トイレ制度」や奈良市の「おもてなし民間トイレ事業」、2020東京五輪・パラリンピックに向けた東京都千代田区の「ちよだ安心トイレ事業」などがある。

3. 公共トイレの計画

(1) 公共トイレの適正配置

トイレは日常生活で不可欠であるため、まちづくりの観点からは、いつでもどこでも誰でもが容易にトイレにアクセスできる環境をつくることが重要である。

●半径500mの範囲に配置する

一般の成人を対象として、まちの中にどれくらいの距離でトイレを配置すべきかについては、神奈川大学の学生を対象とした調査がある。この調査によると尿意を催してから我慢できる時間はおおよそ10分であるという。普通に歩くと10分間に歩ける距離は400～500m程度なので、半径400～500mすなわち800～1000m間隔にあることが望ましい[ii]。

また2006年に東京都の福祉のまちづくり推進協議会が発表した「生活者の視点に立ったトイレ整備の指

針—とうきょうトイレ、その方向性—」（以下「とうきょうトイレ」）では、東京都が実施したインターネット福祉改革モニター調査でトイレへの移動時間を10分以内の徒歩圏とした人が約半数で、青信号の時間設定の基準では1分間に60メートル（10分で600m）だが、高齢者の歩く速度を考慮して半径400から500メートルを目安とした圏内で整備を進めることが望ましいとしている[iii]。

●人目につく場所に設置する

　公共トイレは利便性からも安全面からも、できるだけ道路や通路から見える場所、死角にならない場所に設置する必要がある。人の動線から大きく外れた場所や利用者が不安を感じるような場所、わかりにくい場所は設置場所として適当ではない。警察庁の「安全・安心まちづくり推進要綱」[iv]では、防犯対策として「人の目」の確保（監視性の確保）が必要だとし、特にトイレは危険の大きい場所になりがちなので、「周辺の道路、住宅等からの見通しを確保する」、「建物の入口付近及び内部において人の顔及び行動を明確に識別できる程度以上の照度を確保する」としている。

●デザインやサインで視認性を高める

　トイレの建物は周辺環境との調和を考慮してデザインされることが多いが、かえってトイレであることがわかりにくくなることもある。利用者がトイレにアクセスしやすいように、サイン・表示を工夫することが重要である。

●トイレのネットワーク化を図る

　まちの中には商業施設を含めると一般に使えるトイレがたくさんある。住宅地図に公衆トイレの場所を書き込んだり、道路や通路から誘導サインを設置するな

ど、まち全体でトイレの場所がわかるような工夫が必要である。

トイレの位置を表示するスマホのアプリもある。NPO法人Checkが運営する「Check A Toilet」というサイトでは、車椅子対応トイレなど多機能トイレの場所や設備内容を検索できる。その他、スマホの位置情報を利用したトイレ情報共有の各種地図アプリが無償提供されている。

ただし、必ずしも情報が網羅されているわけではないので、自治体としてもトイレマップを提供することが望まれる。

視認性の高いトイレサインの例

JR新橋駅

大阪市内地下街

広い駅や地下街では、目立つサインが導入されるようになった。

(2) 公共トイレ設計のポイント

●室内の明るさ、死角をつくらない設計

明るく安心して使えるようなデザインを工夫しなければならない。屋外の公衆トイレの場合は、周辺環境と調和したデザインであることと同時にトイレと認識しやすいサインの工夫も必要だ。室内は死角をつくらない、一定の照度を確保する等、設計において防犯上

の配慮が必要である。

前述の警察庁の「安全・安心まちづくり推進要綱」によれば、「公衆便所については、建物の入口付近及び内部において人の顔及び行動を明確に識別できる程度以上の照度」を確保することとし。「人の顔及び行動を明確に識別できる」ためには、「10メートル先の人の顔及び行動が明確に識別できることを前提とすると、平均水平面照度がおおむね50ルックス以上必要である」、とされている。

●洗面台

洗面台には鏡を設置すること。公衆トイレでは鏡は盗られたり壊されたりしないように、取り付け方や大きさに工夫する。管理や補充が可能な施設では、ハンドドライヤーやペーパータオルなどの設置が望まれる。

●女子トイレ、男子大便ブース

複数のブースがある場合は、一カ所以上は必ず洋式にすべきである。維持管理の難しい温水洗浄便座は、公衆トイレには必ずしも必要ではない。

和式便器のブースには、必ず手すりをつけることが必要である。

ブースのドアは、防犯面からや災害等で閉じ込められた場合のことを想定して、内開きにすべきである。内開きでは空いているかどうかもすぐにわかる。

ブース内には、荷物置き、コート掛け（フック）、汚物入れ等が設置してあること。女性用のブースには蓋付きのごみ箱（汚物入れ・サニタリーボックス）を必ず設置すること。汚物入れについては、高齢化で尿パッドを使用する人も少なくないので、男性用のブースにも設置が望ましい。

トイレットペーパーは常備されていなければならない。

また、男女ともに一つ以上のブースにはベビーチェア（幼児を座らせておく椅子）の設置が望まれる。

●男性用小便器

男性用小便器は壁掛け式で床と便器の間が空いている方が清掃しやすい。ただし一つ以上は小さい子どもが利用できる高さに設置することが必要である。バリアフリー新法にもとづく国土交通省のガイドラインでは、男子用小便器を設ける場合は、一つ以上の床置式小便器か受け口の高さが35cm以下の小便器を設置することとなっている。

手すりや便器前の荷物置きスペース、杖や傘を掛けるフックなどの配慮が必要である。

●器具の数

オフィスや劇場、ショッピング施設などではトイレの数や器具数の目安があるが、まち全体での公共トイレの必要数を算定することは困難である。個別の施設ごとの便器の適正数については、空気調和衛生工学会の「適正器具数小委員会報告書」（1983年）が試算方法を提示し、それにもとづいて学校や映画館など様々な施設の利用者数と便器の必要数が試算されている。

ちなみにオフィスについては厚生労働省事務所衛生基準規則第17条1に必要数が示されている。これによると、トイレは男性用と女性用に区別することとし、

・男性用大便器：60人以内毎に1個以上（同時に就業する男性労働者）

・男性用小便器：30人以内毎に1個以上（同時に就業する男性労働者）

・女性用便器：20 人以内毎に 1 個以上（同時に就
　業する女性労働者）
となっている。
　この数字に基づいて、常時 100 人程度が通過あるい
は滞留する駅前広場等では、男女数を半々とすると、
男性用小便器 1 ～ 2、大便器 1 ～ 2、女性用 3 ～ 4 が
最低必要な個数と推計される。

●多機能トイレ
　多機能トイレとは車椅子使用者が円滑に利用できる
ようなスペースの確保、手すり等の設備のほか、オス
トメイト対応や乳幼児連れ対応機能等、高齢者、障害
者等の多様なニーズに応じた機能が付加されたトイレ
のことである。「多目的トイレ」「だれでもトイレ」「み
んなのトイレ」など、呼び方はいろいろある。
　施設によっては法律や条例で設置が義務づけられて
いるものがあるが、義務づけられていな場合でもでき
るだけ介助を必要としない車椅子利用者が使えるトイ
レをつくる必要がある。具体的にはブース内で車椅子
が回転できなくても、トイレの出入り口に一定のス
ペースがあり、通路幅や入り口寸法が確保され、引き
戸や手すりなど使いやすい機能があれば介助なしの車
椅子使用者に対応できる。

⑶　公園のトイレ
　公園には設置の根拠法や設置・管理主体によってい
ろいろな種類がある。ここでは主に自治体が設置・管
理する都市公園のトイレについて説明する。都市公園
にも身近な公園としての住区基幹公園、総合公園や運
動公園などの都市基幹公園、広域的なブロックごとに
設置される大規模公園がある。公共トイレとしての公

園トイレを考える場合は、主に住区基幹公園のトイレが対象になる。住区基幹公園にはかつては児童公園といわれた街区単位の小規模な街区公園、人口1万人に一カ所程度を標準とする近隣公園、人口4万人程度に一カ所を標準とする住区公園がある。

都市公園の配置を図示すると下図のようになる。

標準的な都市公園の配置

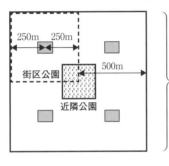
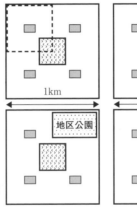
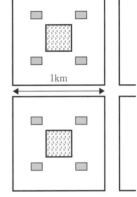

住区レベル（1近隣住区）

標準面積　100ha（1km×1km）
標準人口　10,000人
街区公園　4カ所（誘致距離250m）
近隣公園　1カ所（誘致距離500m）

地区レベル（4近隣住区）

標準面積　400ha（2km×2km）
標準人口　40,000人
街区公園　16カ所（誘致距離250m）
近隣公園　4カ所（誘致距離500m）
地区公園　1カ所

　標準的なプランでは公園間の距離は250mとなり、すべてのトイレに公衆トイレが設置されると、半径400～500mに一カ所のトイレという配置の目安はクリアされることになる。

　都市公園におけるトイレの必要箇所数に関する基準はないが、1983年の「都市公園技術標準解説書便益

施設編」[v]には、参考として都立公園の実態調査に基づく公園種別のトイレの必要箇所数が掲載されている。それによると児童公園（現街区公園）最低1棟、地区公園0.5棟／ha、総合公園0.2〜0.8棟／haとなっている。

　原則としてすべての公園にはトイレが設置されるべきだが、小規模な公園には設置されないケースも少なくない。街区公園はかつては児童公園としてブランコ、砂場、すべり台の設置が義務づけられ、面積的に大きなトイレが設置できないこともあって男女共用の汽車便型のトイレが設置されることが多かった。こうしたトイレは一般に評判はよくないので、老朽化によって撤去され、トイレがないままになっているところも少なくないが、小規模な街区公園の利用者は乳幼児連れや健康づくりのための高齢者、障害者などトイレが使用しにくい人も多い。限られたスペースで多様な利用者に対応するために、近隣の公共施設や公園、民間のトイレとのネットワーク化を図るなど知恵を絞る必要がある。

　また災害時には一時避難所や避難のための集合場所になる公園については、公園内に携帯トイレや組み立て式トイレを備蓄したりマンホールトイレを準備しておくなど、災害時の対応についても考慮しておかなければならない。

　公園は地域コミュニティの拠点としての性格があり、地域住民が参加・協力して快適なトイレ環境を維持するようにすることが望ましい。そのためには、公園の設計段階から住民の意見を取り入れるワークショップを行い、その中でトイレのあり方についても住民と一緒に考える方法もある。公園のトイレに子ど

もの手形を焼いたタイルを用いたり、トイレの名前を
みんなで考えたり、いろいろな取組が行われている。

⑷　公共トイレの改修・整備計画の策定

　ユニバーサルデザインのまちづくりや観光客の誘
致、2020 の東京オリンピック・パラリンピックなど
を背景に、自治体が管理する公共トイレの改修や見直
しをする自治体が増えてきている。改修や整備は計画
的に実施されなければならない。

　トイレ整備計画や整備方針を策定するには、以下の
ような内容の検討が必要である。

●利用状況、利用ニーズの把握

　自治体が管理する公衆トイレについて、利用の実態
を調査する。男女別の利用人数、利用の時間帯、利用
者の意見などを調査し、当該エリアでのトイレのニー
ズを把握する。具体的には、子ども連れが多く幼児が
使えるトイレへの要望が多い、高齢者の利用が多く洋
式化が急がれる、時間帯によって利用者の年齢層が大
きく変わるのでいろいろな世代に対応した設備が必要
……など、それぞれのトイレについての利用状況と改
善の課題を押さえる。

●適正な配置の検討

　地図上でトイレの配置を確認し、適正な配置のあり
方について検討する。前述した人の行動範囲からの配
置に加え、バリアフリー新法で要求されている整備目
標や、観光客や来街者が集中するエリアにおける充足
度やニーズなど、多角的に検討する必要がある。

●維持管理の方針

　清掃・メンテナンスについての方針を検討する。設
計段階からメンテナンス容易な設計とすることも検討

しておく必要がある。清掃に従事する人、清掃業者の意見を反映させることが望ましい。

●災害対応、外国人対応など

公園は災害時の一時避難所や集合場所になるので、災害時の対応も検討しておく必要がある。また災害時に帰宅困難者が多く利用すると想定される幹線道路などに、公衆トイレを整備する等の対策も必要である。

観光地では外国人観光客への対応も必要である。文化や習慣の違いによって、トイレの使い方やニーズが違うのですべてに対応することは難しいが、洋式化や操作しやすい器具の選択、多言語での表記などに配慮する必要がある。

●標準仕様の検討

設計は国土交通省等が策定しているバリアフリートイレの仕様、多機能トイレの設計標準等を参考にして行うが、複数のトイレがある場合は自治体独自で標準仕様や標準装備を設定しているところもある。仕様の標準化によって改修工事の期間の短縮や建設、維持管理コストの低減を図るというメリットがある。

東京都文京区の「公衆・公園等トイレの整備方針」（平成29年3月）では、「標準化トイレユニット」と「だれでもトイレ」の設計標準を示し、面積に応じてこのユニットを組み合わせて設計する方法を提案している。また標準装備する設備として、洋式便器やトイレットペーパーホルダーをはじめ、ベビーチェア、つえ掛けフックなどの仕様、数を定めて、どのトイレにも同じ備品が備えられるようにしている。

標準化トイレユニット平面図（東京都文京区「公衆・公園等トイレの整備方針」）

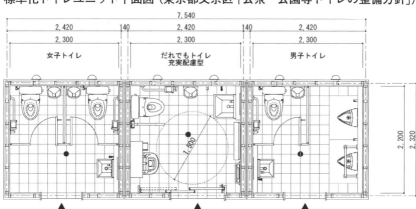

建築面積：約 17.5m² 　基礎面積：約 23.0m²

4．自然公園、山岳地域、河川敷等のトイレ

(1) インフラが整っていない場所でのトイレ

　自然公園や河川敷など、上下水道や電気のインフラが整っていない場所でも、多数の人が訪れる場所ではトイレが不可欠である。

　自然公園とは国立公園、国定公園、都道府県立自然公園などで、優れた自然景勝地が指定されている。自然公園を訪れる人は2016年で約9億人にものぼっており、自然の保護とその適正な利用の両立を図ることが求められている。自然公園の指定区域では公園計画を策定し、規制計画（保護計画）と利用のための施設計画（利用計画）を定める。利用計画地は人が活動するエリアなので、公衆トイレが計画される。また自然公園内には、宿舎や山小屋、売店などの施設が設けられている。これらの施設を含め、上下水道が整ってい

ない場所でもトイレを設置しなければならないのが自
然公園の特徴である。

　河川敷は都市部ではオープンスペースとして貴重な
空間である。東京近郊では多摩川や荒川、江戸川、相
模川といった都市部を流れる大きな河川には、地元の
自治体がグランドや公園など様々な施設を整備してい
る。しかし河川敷には上下水道の設備がないところが
ほとんどで、従来は汲み取り式の仮設トイレが設置さ
れているのみであった。一般の公園のトイレや公衆ト
イレの整備に比べて、河川敷のトイレは著しく遅れて
いるというのが実態である。

　自然公園と河川敷では利用の目的やインフラの条件
は異なるが、①水の確保が困難、②汚水を処理・放流
することが困難、③人の目が行き届かない場所が多く
維持管理が難しい、といった共通点がある。

　さらに自然公園や山岳観光地では、①汲み取りトイ
レのし尿を搬出することが困難、②季節によって利用
者数が大きく変動する、③設置場所によっては建設に
も大きなコストがかかる、等の問題がある。また河川
敷のトイレは、洪水時に移動しなければならないとい
う特殊な事情がある。いずれも、洋式化、水洗化、バ
リアフリーといった要件を満たした快適なトイレを整
備するためには様々な課題を克服しなければならな
い。

(2)　自然公園と山のトイレ

　自然公園は湧水や渓流など水は豊富にあるように思
えるが、利用者が多い場所では使える水は限られてお
り、水洗トイレをまかなうほどの水量を自然の水で確
保することは難しい。また汚水処理も様々な問題があ

る。

　水が確保できれば浄化槽で処理することができるが、どこでも浄化槽を設置できるわけではない。浄化槽は利用の変動が大きいと処理がうまくいかなかったり、気温が低い場所では性能を発揮できないことがある。環境保全のために処理した水をそのまま河川や湖沼に放流することも難しいので、処理水をさらに土壌浄化して自然に浸透させたり、循環利用するような工夫をしている。こうした施設には電気が必要で、定期的な汚泥の抜き取りなどのメンテナンスも必要なので、どこでも設置が可能というわけではない。

　上高地の集団施設地区（利用拠点に宿舎、野営場、園地などを総合的に整備する地区）では、ホテルや旅館がそれぞれ単独浄化槽で処理していたが、観光客の増加で処理が追いつかず未処理に近い水が放流されたために、梓川の水質汚染が深刻な問題になった。そこで当時安曇村（現在は松本市）が下流域の下水道が未整備であるにもかかわらず、上高地の自然を守るためにこの地域に下水道整備を行った（92年に稼働）。自治体の思い切った施策で環境改善された事例であるが、全国的にはまだこうした課題に直面しているところは少なくない。

　山小屋のトイレ問題は喫緊に対策が必要である。かつては登山シーズンが終わると、し尿を山中に投棄するということが行われていたところもあった。風雨と自然の浄化能力に頼っていたわけであるが、自然の浄化能力をはるかに超えるし尿が投棄され、山肌にトイレットペーパーの「白い川」が出現したり、水場の湧き水が大腸菌に汚染されるという事態が生じている。

　富士山には夏季の登山シーズン２ヶ月間だけで30

万人もの登山者が押しかけ、登山者の捨てるごみとトイレは大きな問題となっていた。97年ごろからトイレの改良を進め、現在は環境配慮型トイレとしてバイオ式トイレ、循環式トイレ、焼却式トイレの3つのタイプのトイレが設置されている。ただしトイレの維持管理には莫大な費用がかかっており、富士山山頂トイレの年間維持管理費は約5,000万円ともいわれる。上高地や富士山ではチップ式を導入しており、トイレを利用する際は、100円から300円程度の協力金（チップ）を支払ってもらう方法をとっている。

環境省は補助金を交付して民間の山小屋のトイレ改善を進めているが、野外排泄やトイレ利用のマナーなど登山者側の問題も指摘されるところである。

富士山のトイレの処理方式

バイオ式（オガクズ）トイレ	水浄化循環式（カキ殻）	焼却式トイレ
オガクズ基材として微生物によってし尿を分解する。	水洗式トイレで、複数の処理水槽内の一部にカキ殻の束を入れて処理効率を高めている。浄化された水は洗浄水に再利用。	石油や灯油を燃料とし、し尿を回転させながら蒸発・乾燥・焼却するシステム。
主に富士宮口・御殿場口登山道の山小屋トイレとして多く採用。	主に須走口登山道の山小屋に設置されています。家庭用と同様な使用感のトイレ。	主に山頂付近の山小屋トイレで採用。

静岡県ホームページより作成

(3) 河川敷のトイレ

河川は常時水面となっている区域は別として、洪水時には水が流れるが通常時には普通の土地と何ら変りのない「高水敷」や、草の生えている堤防（土手）などの河川敷地は、ほとんどが公有地で原則として誰でも自由に使用できる。都市部では特に散歩やスポーツなどの場としての利用価値が高い。大きい河川では高水敷は野球のグランドやテニスコートとして利用され

たり、上流部では水遊びやキャンプ、バーベキューなどに利用されている。

　河川敷は電気、上水道、下水道といったインフラが整っていないだけでなく、河川敷のトイレ特有の問題点がある。

　河川敷のトイレは市町村など利用施設の管理者が設置することとなるが、河川敷の利用は河川管理上支障のない範囲で認められているので、トイレについても市町村が利用者ニーズに応じて好きなように設置することはできない。河川敷を含む河川空間に工作物を設置するには、河川管理者から河川法に基づく許可を得なければならない。その設置基準は工作物ごとに細かく定められており、グランドや公園を管理する市町村と河川管理者（国あるいは都道府県）の調整が必要である。

　河川敷トイレの設置基準として、洪水時には浸水や洪水の流下の妨げにならないよう、河川の外（堤内側）へ移動又は搬出しなければならないということがある。例えば野球のバックネットは転倒式でなくてはならない。高水敷まで水位が上がりそうになったら流水を妨げないように、その都度管理者が転倒させなければならないとされている。河川敷トイレも他の工作物と同様に、原則として洪水時には移動できるようにしておかなければならない。

　ただし国は2007年にトイレ設置の基準を緩和する通達を出し、仮設トイレのように一式全てを撤去する可搬式でなければならないという設置許可の条件を緩和し、トイレの貯留槽や設備部分を地下に設置して洪水時には地上部分のみを搬出する方式（移動式）と、洪水時にも水の流れに支障を来さない場所（洪水時の

死水エリア）については固定式が認められるようになっている。

　課題は、可搬式や移動式のトイレには、快適性が向上している一般の公園のトイレや公衆トイレのような製品がまだ少ないことがある。

　しかし最近では国土交通省のイニシアチブで仮設トイレの改善が進んでおり、河川敷のトイレについても選択肢が増えてきている。

移動式トイレ（多摩川緑地、東京都大田区六郷）

水道が布設されているので簡易水洗方式となっている。トイレの上部にクレーンで吊るための金具がついている。

(4) 仮設トイレと自己処理型トイレ

　仮設トイレは、当初はスチール製だったが錆びやすい、重いなどの欠点があり、90年頃からはポリエチレン製が主流になっている。

　仮設トイレは地上の便槽の上に本体を載せる形が一般的で、ほとんどが汲み取り式である。和式の大便器と小便器を兼ねた汽車便式で、便器の下の汚物が見えることや臭気が直接上がってくるので、決して快適とは言い難かったため、簡易水洗式が開発された。便器の底にはフラップがついており、ペダルを踏むとコップ1～2杯の水が流れてフラップを押し下げて汚物が

便槽に落ちる構造である。現在はこのタイプが主流である。簡易水洗も汲み取り式と同じように、便槽から汚物を汲み取る必要がある。

　下水道設備のインフラが整っている場所では、浄化槽や下水道に直結できる水洗トイレや、簡易水洗で地下に貯留するタイプの仮設トイレもある。設置や撤去工事に時間がかかることから、短時間のイベントなどでは普及していないが、移動可能で水洗化が可能なトイレとして河川敷での利用には向いている。

　また牽引できるトレーラー式のトイレやコンテナハウスタイプ、自走型のトラック搭載型トイレなどもある。

車いす対応のバイオ式車載型トイレ

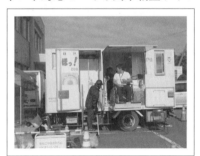

汲み取り不要なバイオ式トイレ。
写真提供：優成サービス（株）

コンテナ式トイレ

トレーラーで運搬する。既設の水道、マンホールを利用して水洗トイレになる。
写真提供：ウォレットジャパン株式会社

仮設トイレには汲み取り不要で、設置場所で処理するシステムのトイレも開発されている。汚物を高温で処理し灰にして処分する「燃焼式」や、熱で水分を飛ばして減容する「乾燥式」、おがくずなどの基材と攪拌して発酵・処理する「バイオ式（コンポスト式）」、独立した浄化槽を持ち処理水を水洗水として再利用する「水循環タイプ」などがある。これらの仮設トイレは、トイレと処理装置が一体的になっており、「汚物をその場で処理することができる」のが大きな特徴で、「自己処理型トイレ」と呼ばれている。富士山のトイレには、バイオ式、焼却式、水循環式の3つのタイプが導入されている。

　技術的に開発途上の部分があり、まだそれほど普及しているとはいえないが、自然公園や河川敷、災害用トイレとしても活用が期待される。自己処理型トイレの技術タイプは次頁の表の通りである。このうち携帯トイレは使用後にごみとして焼却処理する必要がある。災害用に備蓄が推奨されている。

　仮設トイレはもともと建設現場などに設置するために開発されたもので、快適性を求めることはなかなか難しかったが、国土交通省は「女性が活躍する社会」や「働き方改革」の一環として、建設現場を男女ともに働きやすい環境とするために仮設トイレの改善を進めている。国土交通省のイニシアチブのもと、「男女ともに快適に使用できる仮設トイレ」を「快適トイレ」と名付けてその標準仕様を作成し、2016年10月からは工事入札の要件としている。

　「快適トイレ」の標準仕様として、洋式、水洗機能（簡易水洗、し尿処理装置付きを含む）、臭い逆流防止機能、容易に開かない施錠機能、照明設備（電源がな

自己処理トイレのタイプ

	処理方式	特　徴
燃焼・乾燥処理	汚水に直接灯油バーナー等の炎を吹きつけ水分を蒸発させ、残さ物を乾燥、焼却し灰と二酸化炭素に変える方式である。	・残さ物は灰で減容率が著しく高い。 ・残さ物の処理がクリーン、容易である。
木質チップ処理	し尿を多孔質で空隙率が多い杉チップやオガクズなどと混合・攪拌し、空隙に蓄積させ、好気性条件下で微生物により水と二酸化炭素に分解する方式である。	・水を必要とせず、汚泥発生量を抑制。 ・小便を土：壌利用方式と併用して処理する方式や洗浄水と共に争化して便器洗浄水として利用する方式がある。
水循環処理	汚水を微生物にて生物学的に処理を行い、その処理水を便器洗浄水として再利用する方式。薬剤や酵素剤の添加、オゾン処理など循環水の水質向上をはかる技術がある。	・水循環方式は、水洗トイレとして利用でき快適性に優れる。 ・小規模から大規模のトイレ（水処理）まで対応可能である。
土壌利用処理	土壌を用いて汚水を争化する方式である。 汚水を、嫌気又は好気性の微生物による前処理を施した後、土壌中に浸透させて処理する。	・汚泥の発生量が少ない。 ・処理水は良好な水質である。 ・電気が不要なタイプもある。
携　帯　ト　イ　レ	し尿を吸収ポリマーやパルプなどで凝固・吸収し、生分解する素材やポリエチレンを使用した袋などへパック処理する方式である。	・トイレの設置・維持管理が困難な場所にも対応できる。 ・低コストで、使用方法が簡単である。

出典：NPO 法人自己処理トイレ研究会技術概要書

くても良いもの)、衣類掛け等のフックや荷物置き場、鏡付きの洗面台などのほか、推奨されるものとして室内寸法 900 × 900mm 以上（半畳程度以上）、着替え用のフッティングボード等があげられている。これの仕様に準ずる仮設トイレが増えれば、河川敷トイレや災害時トイレの質の向上が期待できる。

なお、国土交通省は「快適トイレ」の事例集を作成し公開しているので、参考にされたい。

http://www.mlit.go.jp/common/001146979.pdf

ユニット型仮設トイレ（快適トイレ）の例

個室感が高く快適性が高い

概観のデザインや色彩、化粧スペースなど、女性用に開発されたトイレ

写真提供：日野興業（株）

5．有料トイレ、チップトイレ
(1) 有料トイレ、チップ式トイレの経緯

　公衆トイレのメンテナンスの課題として、管理者がおらず人の目が届きにくいこと、メンテナンス・清掃の体制が十分でないこと等がある。このような問題に対する方策として、管理人が常駐する有料トイレ、チップ式トイレがある。有料トイレやチップ式のトイレは欧米では一般的だが、わが国では実例が少ない。パリなどヨーロッパの都市には街頭にユニット型でコ

インを投入して利用するトイレがあり、使用後は自動
的に室内を洗浄するようになっている。また駅のトイ
レなども、コインを入れてドアを解錠するようになっ
ているところもある。

　わが国では、1964年の東京オリンピックを契機に、
新宿駅に有料化粧室が設置された例がある。このトイ
レは2011年まで開設されていた。その後国鉄が民営
化された際にJR東日本では東京駅や新橋駅、横浜駅、
品川駅で管理者が常駐するチップ式トイレを相次いで
設置したが、駅構内のトイレの質が向上したため、現
在では廃止されている。

　公衆トイレの有料化の実例は少ないが、京都市が
2004年にJR二条駅前と阪急嵐山駅前に、2007年に
清水寺境内に、ユニット型の有料トイレを設置した。
このトイレはヨーロッパの都市に設置されているもの
と同様に、1回100円で利用でき、中には音楽が流れ、
空調やドライヤーも完備されていた。最大利用時間は
20分間で、使用後は自動で室内を洗浄、便座の消毒
と乾燥を行う。このトイレは韓国製（床面積5平方
メートル）で1台あたり月35万円で借りて設置した
が、平均利用者は採算ラインの1日160人に遠く及ば
ず、採算がとれないことを理由に2013年までに撤去
された。利用者が少ないのは周辺に商業施設ができて
きれいなトイレを利用しやすくなったことのほか、お
金を払ってトイレを利用するという習慣がないという
理由からのようだ。有料にすることで利用者のマナー
向上を期待していた市としては見込みが大きく外れた
（京都新聞による）。

(2) 秋葉原の有料公衆トイレ

　一方で東京都千代田区では2004年に区民と有識者で構成される「公衆トイレに関する検討委員会」の提言を受け、2006年にJR秋葉原駅前に有料の公衆トイレ「オアシス@akiba」を設置した。このトイレはグレードの高い仕様と係員の常駐によって、だれもが快適に利用できる質の高いサービスを目標としている。また、施設には有料トイレの他に秋葉原を訪れる人々へのタウン情報を提供する情報コーナーと、路上喫煙を減少させることを目的として喫煙コーナーが設置されている。ちなみに千代田区は路上喫煙禁止条例によって路上喫煙には罰金制を設けている。

【オアシス@akibaの概要】

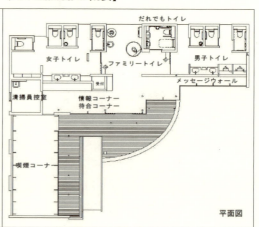

オアシス@akiba（千代田区公衆トイレ）

有料トイレ入り口には電子マネーのタッチパネルがある。

　周辺には大規模な商業施設があるにもかかわらず、平均200〜250人程度の利用があるという。入場にはJRや地下鉄の電子マネーも利用でき、使用後は常駐の係員がすぐにブース内を清掃するので、常に清潔できれいである。

　公衆トイレ有料化はなかなか定着しないが、快適なトイレを維持するためには利用者に一部負担を求めることも必要だと考える。ただし利用者に対する啓発や対価にふさわしいメンテナンス、サービスの提供など検討課題は多い。

(3) チップ式トイレ

　かつてJR東日本が導入したチップ式トイレは、開設された当初は管理人が常駐し清掃もこまめに行われていたためチップを入れる人も多かったようだが、周辺にきれいなトイレができてくるとチップを入れる人が減った。チップはきれいなトイレを使う対価とみなされ、相対的にメンテナンスのレベルが周辺のトイレと変わらなかったり低くなったからだろう。商業施設にきれいなトイレが増えてきた都市部では、チップ式

のトイレはなかなか成り立ちにくい。

　自然公園や河川敷など、清掃やメンテナンスが難しい場所のトイレでは、トイレの維持管理コストの一部負担という考え方から、チップ式を取り入れる意味はある。富士山では、2014年から山頂を目指す登山者から1人1000円の「富士山保全協力金」を徴収しているが、これとは別にトイレ利用の際には100円から300円程度の協力金（チップ）を「お願い」している。前述したように富士山の山頂トイレの年間維持管理費は約5,000万円もかかるとされ、チップはその経費に充当されるという（富士山保全協力金は山小屋等のトイレの維持管理費には使われない）。

　チップ式とするのは。万一持ち合わせがないと利用させないというわけにはいかないからだが、利用者に納得してもらうためには、チップの意味や使途をきちんと告知することが必要である。公共トイレはすべて無料のサービスとする必要はない。トイレの種類や場所によるが、受益者負担という考え方を取り入れてもよいのではないだろうか。

---

i　オストメイトとは、人工肛門や人工膀胱の保有者を指し、オストメイト対応トイレとは、便や尿を流したりストーマ（開口部）部位を洗浄できる設備などがあるトイレのこと。

ii　高橋志保彦「都市とトイレ」（トイレ学大事典）

iii　「生活者の視点に立ったトイレ整備の指針―とうきょうトイレ、その方向性―」平成18年7月、東京都福祉のまちづくり推進協議会

iv　「安全・安心まちづくり推進要綱」の改正について（平成26年8月28日警察庁生活安全局長通達）

v　「都市公園技術標準解説書 便益施設編（便所工）／身障者を考慮した公園施設編」昭和58年11月 建設省都市局公園緑地課監修、（社）日本公園緑地協会編集・発行

ユニバーサルデザインの まちづくりとトイレ

1．バリアフリーとユニバーサルデザイン

(1) バリアフリーとユニバーサルデザインの違い

　ユニバーサルデザイン（universal design = UD）とバリアフリーはよく混同されるが、バリアフリーとは「障壁のない」という意味で、身体の障害によって移動や行動に困難な人が不自由なく使えるように障壁を除去することをいう。

　ユニバーサルデザインは、あらかじめ、障害の有無、年齢、性別、人種等にかかわらず多様な人々が利用しやすいよう都市や生活環境をデザインする考え方である。障害のあるなしにかかわらず誰もが普通に暮らせる社会をめざすという意味で、ノーマライゼーションという言葉もある。

　UDの理念は1980年代に、アメリカのノースカロライナ州立大学のロナルド・メイス氏によって提唱された。アメリカでは1990年にADA（障害を持つアメリカ人法 = Americans with Disabilities Act of 1990）と呼ばれる法律が施行された。ADAは交通や施設のバリアフリーだけでなく、様々なサービスへのアクセシビリティや障害者の権利保護を定めているが、自身も身体に障害をもつ彼は、障害者だけでなくあらゆる人が快適に暮らすことができるデザインとして、ユニバーサルデザインを提唱した。

　UDは初めから全ての人が使いやすく設計・デザイ

ンするということで、全ての人を対象にする。UD は
バリアフリーを包括するが、UD で対応できない部分
はバリアフリーでカバーしていくというような関係に
なる。

バリアフリーとユニバーサルデザインの比較

	種　類	思想・発想	普及スタイル	対象者
ハード 整　備	ユニバーサル デザイン	多くの方に 使いやすい デザイン手法	良いものを褒めたたえ 推奨する 【民間主導型】	すべての人
	バリアフリー	高齢者・障害者の 使いやすい街に変化	施設の計画に 規制する事で普及 【行政指導型】	高齢者 障害者等
ソフト 整　備	心の ユニバーサル デザイン	心のやさしさや 思いやり	啓　発 教　育	すべての人
	心の バリアフリー			

出典：静岡市役所福祉総務課の Web サイト（ユニバーサルデザイン／バリアフリープラザ）より

(2) ユニバーサルデザインの原則

　ロナルド・メイスが唱えたユニバーサルデザインは
次の 7 原則（The Principles of Universal Design）で
構成される[i]。

●原則 1 ：公平な利用

　誰にでも同じ方法で使えるようにする。すべての利
用者のプライバシーや、安心感、安全性を可能な限り
同等に確保する。

●原則 2 ：利用における柔軟性

　使用する方法を選択できるよう多様性をもたせて供
給する。

●原則 3 ：単純で直感的な利用：

　理解が容易であり、利用者の経験や、知識、言語力
などに関係なく使える。直感で利用でき、不必要に複
雑にしない。

●原則４：わかりやすい情報

　周囲の状況あるいは利用者の感覚能力に関係なく、必要な情報が効果的に伝わるようデザインする。絵やことば、触覚などいろいろな方法を使って必要以上と思われるくらい提示する。

●原則５：間違いに対する寛大さ

　危険や誤操作が最小限となるようにデザインする。単純なミスが危険につながらないようにする。

●原則６：身体的負担は少なく

　能率的で快適であり、そして疲れないようにデザインする。利用者に無理な姿勢を強いたり、操作に力を要したりしないようにする。

●原則７：接近や利用に際する大きさと広さ

　利用者の体の大きさや、姿勢、移動能力にかかわらず、近寄ったり、手が届いたり、手作業したりすることが出来る適切な大きさと広さを提供する。腕や手の大きさに応じて選択できるよう多様性を確保する。支援機器や人的支援が利用出来るよう充分な空間を用意する。

　この７原則は、モノ（プロダクト・デザイン）の原則としての意味合いが強く、まちづくりやサービスなどソフトの分野では十分とはいえない部分があるので、補完的に様々な分野の専門家や普及を図る人たちがいろいろな要件を提示している。トイレに当てはめてみると、障害者や高齢者などの利用に対するバリアフリーだけではない対応が求められることが理解できるだろう。

　例えば最近の公共トイレにはオムツ替えの台や、親が用足しをしている間幼児を座らせておくベビーチェ

アの設置が進んでいる。しかし女性トイレには設置されていても男性用トイレの設置は少ない。UD の原則からいえば公平性に欠けるということになる。

　アメリカ・ニューヨーク州では、2019 年 1 月 1 日から今後新築・改修される建物にある公共用トイレには、全ての性別の人が使用できるオムツ替え台を少なくとも 1 つは設置しなければならないとする州法が施行された。お父さんも子どものオムツ替えをするし、同性愛者も子育てをしているということだ。ちなみに 2016 年には、オバマ大統領は連邦政府のすべての建物のトイレでは男性、女性にかかわらずオムツ替え台を使えるようにしなければならないという法律（Bathrooms Accessible in Every Situation (BABIES) Act）に署名している。ベビーチェアや収納式のオムツ替え台は日本で開発されたものだと思うが、アメリカに先を越されたようだ。

　トイレの水洗や操作ボタンは、UD が求められる恰好の例だ。使用後に水を流す方式にはボタンやレバー、自動洗浄などいろいろな方式があり、高機能な便器ではさらに複雑なボタンやスイッチがあり、普通の人でもとまどうことが少なくない。UD の原則に照らせば、単純で直感的に利用できるような配置や色使い、わかりやすい情報の提示などが必要である[ii]。

2．バリアフリー、ユニバーサルデザインに関する制度

(1)　国の法律、制度

　わが国がバリアフリーに積極的に取り組み始めたのは、90 年代に入ってからである。それ以前は先進的

な自治体が「福祉のまちづくり条例」を制定、こうした動きが全国に広がり、国は94年にわが国で初めての建築物におけるバリアフリーの法律「高齢者、身体障害者等が円滑に利用できる特定建築物の建築の促進に関する法律」(ハートビル法)を制定した。

ハートビル法は、基礎的な基準を定めて建築主に整備への努力義務を求めたものである。トイレに関しては基礎的基準として「便所を設ける場合には車椅子使用者用便房を当該建物に1以上設ける」「床置式小便器を当該建物に1以上設ける」こととし、税の優遇や建築基準法の特例措置を受けることができる誘導的基準として「車椅子使用者用便房を各階の便房数の原則2%以上設ける」「床置式小便器を各階の便所に1以上設ける」とした。

2000年に公共交通に関する「高齢者、身体障害者等の公共通機関を利用した移動の円滑化の促進に関する法律」(交通バリアフリー法)が制定された。この法律によって、一日平均利用者数が5000人以上の駅では、2010年までに段差の解消や視覚障害者誘導用ブロックを設置し、トイレは車椅子対応トイレを設置するという基準、目標が定められた。

ハートビル法は2002年に改正され、病院、劇場、集会場、展示場など多数の人が利用する建築物を「特定建築物」とし、2000m^{2}以上の建物にバリアフリー整備が義務づけられた。また自治体の条例で義務とする面積を引き下げることが可能となった。

2006年にハートビル法と交通バリアフリー法が合体した「高齢者、障害者等の移動等の円滑化の促進に関する法律」(バリアフリー法)が制定され、対象施設が拡大された。公衆トイレについて50m^{2}以上の場

合にはバリアフリー整備が義務づけられた。

2013年には障害者差別解消法（障害を理由とする差別の解消の推進に関する法律）が制定され、車椅子対応のトイレが設置できなくても、手すりやスロープの設置など、可能な範囲で合理的対応をすることが求められることとなった。

2017年2月に「ユニバーサルデザイン2020行動計画」が策定、閣議決定され、UDのまちづくりを東京オリ・パラのレガシー（遺産）とすることがうたわれた。この計画に基づいてバリアフリー基準の改正等が行われ、トイレについても建築物の設計標準の改正が行われている。

2018年10月には、バリアフリー法の一部が改正され（バリアフリー新法）、さらに取組が強化されることとなった。バリアフリー新法では法律の理念を新設し、高齢者や障害者等にとって日常生活の障壁となるもの（モノだけでなく制度、慣行、観念、その他一切のもの）の除去と「共生社会の実現」を掲げた。またハード対策だけでなく高齢者や障害者に対する支援など「心のバリアフリー」を事業者や国民の責務として定めている。

バリアフリー、ユニバーサルデザイン関連の国の法律・計画等の推移

年	法律・制度
1983 年	「公共交通ターミナルにおける身体障害者用施設整備ガイドライン」策定
1991 年	「鉄道駅におけるエレベーター及びエスカレーター整備指針」策定
1993 年	「障害者基本法」改正 『障害者の自立と参加を促進する目的から交通施設について交通事業者は障害者の利用の便宜を図るよう努力義務を課すとともに、国及び地方公共団体も必要な施策を講じなければならない』
1994 年	「高齢者、身体障害者等が円滑に利用できる特定建築物の建築の促進に関する法律（ハートビル法）」施行
2000 年	「高齢者、身体障害者等の公共交通機関を利用した移動の円滑化の促進に関する法律（交通バリアフリー法）」施行
2003 年	改正ハートビル法施行 特定建築物の指定とバリアフリー整備の義務化
2005 年	ユニバーサルデザイン政策大綱
2006 年	「高齢者、障害者等の移動等の円滑化の促進に関する法律（バリアフリー法）」施行 （ハートビル法と交通バリアフリー法を発展的に統合）
2008 年	バリアフリー・ユニバーサルデザイン推進要綱
2010 年	「移動等円滑化の促進に関する基本方針」改正 2020 年度までの整備目標を新たに設定し、対象となる施設を 5,000 人以上から 3,000 人以上（一日の利用者数）に拡充
2013 年	「障害を理由とする差別の解消の推進に関する法律（障害者差別解消法）」制定（2016年 4 月施行）
2017 年	ユニバーサルデザイン 2020 行動計画
2018 年	「高齢者、障害者等の移動等の円滑化の促進に関する法律」の改正（バリアフリー新法）（2018 年 11 月施行）

(2) 自治体の取り組み

　旧ハートビル法では、自治体が条例によってバリアフリー化の義務が生じる特別特定建築物の面積規定の強化など対象建築物の拡大と、整備基準の強化等の必要な事項を付加することができるようになった。このような条例による上乗せ・横出し規制は、福祉のまちづくり条例等でバリアフリーを推進してきた自治体の方が法律より先んじていたことからすれば当然の規定といえるだろう。法律は建築基準法と連動しており、条例に定められた整備を行わなければ建築確認がとれず建築行為ができないということになっている。強制力のある規定である。この規定はバリアフリー新法に

もそのままスライドしている。

　東京都では、「高齢者・障害者等が利用しやすい建築物の整備に関する条例」（東京都建築物バリアフリー条例）と「東京都福祉のまちづくり条例」が制定されており、建築物バリアフリー条例ではバリアフリー新法で定める特別特定建築物の対象を拡大して、共同住宅や学校等もバリアフリー義務化の対象としている。さらに対象規模2000m²の要件を引き下げ、建物の用途に応じて、すべての規模（全ての学校、保育所、福祉ホームなどを追加）、500m²以上（診療所、マーケット、郵便局、飲食店など）または1000m²以上（映画館、公衆浴場、スポーツ施設、料理店など）を追加している。さらに整備基準の強化として、ベビーチェアやベビーベッド、授乳室といった子育て支援環境の整備を求めるなど、法律よりも広く網掛けしている。また建築物バリアフリー条例の対象とならない施設等については、福祉のまちづくり条例によって努力義務を課している。

　また06年施行のバリアフリー法では、市区町村が基本構想を定めて公共施設や駅など重点地区を定めてバリアフリー整備を一体的に進める場合、財政的な支援するなどの仕組みをつくったが、ノウハウや予算不足、民間との調整に時間がかかる等の理由から取組は低調だった。そのためバリアフリー新法では、基本構想を作る前に重点地区のバリアフリー方針を定める「マスタープラン」制度が創設された。

　いずれにせよ、やる気のある自治体にとっては、法律や制度を駆使してかなり自由な裁量で政策を講じることができるということがいえる。

3．トイレのバリアフリーとユニバーサルデザイン

⑴　トイレのバリアフリーデザインの変遷

　トイレのバリアフリーとは、当初は車椅子で使えるトイレを設けることであった。80年代以前には、車椅子で使えるトイレは役所の建物や福祉施設などだけできわめて少なかった。車の運転ができる障害者からは、高速道路のサービスエリアやパーキングエリアへの車椅子トイレ設置を働きかける運動が行われていた。81年の国際障害者年などをきっかけに少しずつ整備されてきたが、一般の公衆トイレは管理が難しく、いたずらや防犯面の懸念からほとんど設置されていなかった。

　80年代後半には車椅子用のブースが整備され始めたが、設計や設備は開発途上で試行錯誤の段階であった。東京都は88年に福祉のまちづくりの一環として、車椅子用トイレのデザインコンクールを行っている。車椅子トイレをいかに明るく、使いやすくするかという視点で行われたコンペであるが、この時点ではまだ「多機能トイレ（当初は「多目的トイレ」と呼んでいた)」というコンセプトは登場していない。

　同じ時期に世田谷区では「公共トイレデザインコンペ」が行われた。このコンペの要領の中で、車椅子トイレについて「障害者専用ではなく、健常者と共用されるべきもの」とし、車いすトイレではなく「ハンディキャップトイレと呼ぶことにする」と述べている。世田谷区はこのコンペで入選した設計案にもとづいて区役所前に実物大模型をつくり、車椅子利用者や高齢者、幼児、子ども連れなどに便器に座ったり器具

にふれてもらうなどして使いやすい設備や器具、詳細な寸法を実施設計に反映させた。利用者の意見を入れて、オムツ替えの台や幼児用便器を設置した多目的トイレが誕生した。また横浜市も新設の公衆トイレに幼児用便器を設置した車椅子用トイレを設けた。

　車椅子用トイレはスペースが広いために、路上生活者が住みついたり未成年の喫煙、ブース内での犯罪行為の恐れなど、安全面からの問題が大きかった。これに対して、誰でもが使えるトイレにして利用頻度を上げることが対策になると考えられた。先進的な自治体が多機能トイレというアイデアを取り入れ、ハートビル法が施行された90年代半ばにはかなり一般的な考え方になっていた。東京都は1995年に「東京都福祉のまちづくり条例」を制定したが、そのガイドラインでは車椅子対応トイレについて「車いす使用者、高齢者、妊婦、乳幼児を連れた者等だれもが円滑に利用することができる便房」としている。

フルスペックの多機能トイレ

車椅子対応トイレの多機能化はだいぶ普及してきた
がにしても、一般のトイレよりかなり大きなスペース
を必要とするためトイレ全体の面積が大きくなること
や、一般のブースが少なくなってしまうことなどが課
題として出てきた。日本トイレ協会では多機能トイレ
についての研究会を立ち上げて様々な検討を行ってい
るが、その中ではブース内で車椅子が回転できるス
ペースを確保できない場合の簡易型の車椅子対応ブー
スの提案や異性介助の問題、大人用の簡易ベッドの設
置などの提案を行っている。
　2000年に東京都は福祉のまちづくり条例を改正し、
その施設整備マニュアルで車椅子対応トイレを「だれ
でもトイレ」と名付けた。また子育て支援関係の整備
としてベビーチェア、ベビーベッドなどについても男
女それぞれのトイレに設置するか多機能トイレに設置
する方針が示されている。
　また2000年の交通バリアフリー法のガイドライン
で、オストメイト対応設備や大人用のベッドなど、多
機能トイレの設備がさらに拡充されることとなり、現
在の多機能トイレの設計標準を方向付けたものとなっ
ている。

⑵　公園トイレのバリアフリーデザイン

　公園のバリアフリー対応については、国が計画、設
計の技術標準や指針を示し、取り組みが進められてき
たが、2006年に施行されたバリアフリー法で都市公
園は省令で定められた設置基準（都市公園移動等円滑
化基準）に適合することが義務づけられた。
　トイレは高齢者、障害者等が認識しやすい場所に設
置し、利用しやすい構造とする必要がある。具体的な

基準として、床の表面は滑りにくい仕上げがなされたものであること、男子小便器は一つ以上は床置式か壁掛け式の場合は受け口の高さが35cm以下とすること、手すりがついていること、車椅子が通れるように入り口の幅は80cm以上とすること等が定められている。また法令にもとづいて作成された整備ガイドラインでは、内部障害者（心臓、腎臓、呼吸器など肢体不自由以外の体の内部の障害を持つ人）や乳幼児連れも円滑に利用できるように、オストメイト対応設備や乳幼児用ベッド等を設置することとしている（こうした機能を持つブースを「多機能便房」、多機能便房が独立して設けられるトイレを「多機能便所」としている）。

図　公園トイレに関する移動等円滑化基準の体系

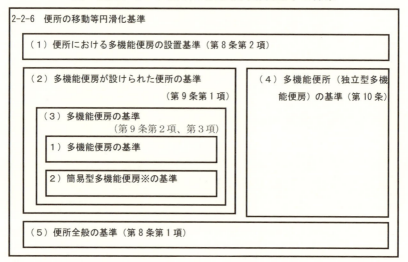

出典：「都市公園の移動等円滑化整備ガイドライン　改訂版」平成24年3月国土交通省

(3) **多機能トイレについて**
　東京都の「東京都福祉のまちづくり条例施設整備マ

ニュアル（平成26年版）」の、「便所」の項を参考に、多機能トイレの設計について説明する。

　マニュアルでは「基本的考え方」として、「だれでもが便所を快適に利用できるようにするためには、広いスペースの便房、手すり、オストメイト用汚物流し、ベビーチェア、ベビーベッドを設けるなど、便所全体で車いす使用者、高齢者、妊婦、乳幼児を連れた者等が使いやすい環境を総合的に整備する必要がある。」とし、車椅子トイレまたは多機能ブース（だれでもトイレ）、オストメイト用汚物流しを設けた便房、ベビーチェアを設けた便房、ベビーベッドをそれぞれ1以上（男子用及び女子用の区別があるときは、それぞれ1以上設置するとしている。

　整備基準の解説から、車椅子対応トイレの主要な項目をピックアップしておく。

●機能分散について

　車椅子使用者用便房又はだれでもトイレ、オストメイト用汚物流し、ベビーチェア、ベビーベッドは、その設備を必要とする人が、それぞれ同時に便所を利用できるように、便所内に分散して配置するよう配慮する。

　多機能便房（ブース）が多機能ゆえに利用者が増え、車椅子利用者のように「このブースしか使えない人」がトイレ待ちすることが多くなったという指摘から、多機能ブースにあらゆる機能を集約するのではなく、トイレ全体に機能を分散配置してカバーするという考え方が示されている。

第3章　ユニバーサルデザインのまちづくりとトイレ

75

ブースごとに機能を分散した例

手前はベビーチェア、中央は着替え台（幼児のおむつ交換もできる）、奥はオストメイト対応の設備が設置されている。

●出入り口、戸の構造、寸法など
　出入口の有効幅は、85cm以上。戸は自動的に開閉する構造その他の車いす使用者が容易に開閉して通過できる構造とする。戸は軽い力で開閉できる引き戸が望ましい（自動式が望ましい）。内開きは避ける。事故があった場合に救出困難になる。
●ブースの大きさ
　車椅子が円滑に利用できる広さとしてブースの大きさは原則として概ね内法で2m×2m以上とし、直径150cm以上の円程度が内接できる空間を確保する。
　ただし基準以下（1000m²以下）の施設（公共施設を除く）で上記の広さを確保できない場合は、次善の策として内法で1.3m×2m又は1.5m×1.8m以上を確保すること。
　上記の寸法は、ブース内で車椅子が回転できなくても入って便器に移動できる広さとして設定されてい

る。

●異性による介助への配慮

　異性が介助することを想定して、男女共用の車椅子トイレまたはだれでもトイレを設けること。最近は男子用と女子用の間に設置したり一般のトイレから入り口を少し離して入りやすくしている例が見られる。

男女トイレの間に多機能トイレを配置した例（東急二子玉川駅）

4．多様なニーズへの対応

(1) 子どもと子連れファミリーにやさしいトイレ

　トイレは他人を排除して一人になれる空間を提供する施設であるともいえる。そのため、排泄以外にもいろいろな目的で使われる。ブース内で行われる行為については外部からほとんど関与できないので、特に多機能トイレのような広い場所では思いもよらない使われかたがされることもある。例えば、多機能トイレはベビーカーで入る人も多いが、家族連れがみんないっ

しょにトイレに入るといった光景も目にすることがある。そもそも「家族トイレ」としての利用までは想定していないが、そのことが悪いとは言えない。しかしトイレ内で授乳したりすると、使用時間が長くなる。そのために車椅子利用者やオストメイトなど「このトイレしか使えない」人が使いにくいという状況が出てきた。

　上述したように多機能トイレの機能分散は、一つの解決策であるが、少子化対策として子どもを連れて外出しやすい環境づくりという観点からは、授乳場所や休憩場所などの整備も必要である。こうした課題に対して、公共施設や民間施設でオムツ替えや授乳できる場所を設ける自治体が増えている。新潟県見附市ではこうしたスペースを持つ施設を「赤ちゃんの駅」と名付けている。ただしここでも男性の育児についての配慮が必要なことは言うまでもない。授乳室は女性しか入れない場合が多く、男性が哺乳瓶で授乳するスペースの確保も必要である。

「赤ちゃんの駅」のサイン

新潟県見附市の赤ちゃんの駅。授乳スペースやミルク用給湯器などもある。

⑵ オストメイト

　腹部に人工肛門や人工膀胱からの排泄のために孔（ラテン語で「ストーマ」）を造設した人のことをオストメイトと呼び、全国に約20万人のオストメイトがいるとされる。オストメイト対応トイレは、排泄物等の処理をしやすい機能を備えたトイレで、トイレのバリアフリー対策として設置が進んでいる。オストメイト対応トイレには、汚物流しに水栓とシャワーを設けて、排泄物の処理、ストーマ装具（パウチ）の交換・装着、ストーマ周辺皮膚の清拭・洗浄、衣服・使用済み装具の洗浄・廃棄などができる設備が必要とされる。またオストメイトは外見上は身体障害者であることが判別しにくいため、多機能トイレへ入りやすくするために入口にオストメイトマークを表示することが必要である。

　オストメイト対応トイレはトイレのバリアフリーとして設置が進んできているが、これまでほとんど注目されてこなかった自己導尿が必要な人のためのトイレの普及を図る活動もある。自己導尿とは排尿障害などの原因で、自らの手でカテーテルと呼ばれる管を尿道から入れて出す方法である。大きなスペースは必要ないが、カテーテルを洗浄する水栓の設置が望まれる。長崎市の市民グループ「みんなにやさしいトイレ会議」は、自己導尿の人が座って措置しやすいように前広便座等の設置をはたらきかけている。

　疾病ではなくとも高齢化にともなう心身の変化、衰えに対する配慮も必要となってきている。例えば男性用トイレには女性用トイレにあるような汚物入れが設置されていない。しかし加齢にともなう尿漏れなどの症状に対処するために、男性でもパッドや使い捨てパ

ンツを使用している人も少なくないが、取り替えたパッド等を捨てる汚物入れがないことが多い。

オストメイトのマーク

オストメイト用設備

(3) 認知症高齢者のトイレ問題

　総務省によると2018年の高齢化率（65歳以上の高齢者が総人口に占める割合）は28.1％で、年々総人口が減少する中で高齢者数は増加している。高齢化に伴う認知機能低下で、車の事故が多発していることはよく知られている。2015年に厚生労働省、経済産業省などの関係府省庁が策定した「認知症施策推進総合戦略」（新オレンジプラン）では、2025年には高齢者の約5人に1人、軽度認知障害の人を合わせると約4人に1人が認知症とその予備軍と報告されている。
　新オレンジプランでは、認知症の人が住み慣れた地域で暮らし続けるための7つの柱のひとつに「認知症の人を含む高齢者にやさしい地域づくりの推進」を掲げ、ソフト面での生活支援だけでなく、ハード面でも生活しやすい環境の整備をうたっている。従来は認知症の人に対する生活支援は人的なサポートで対応して

きたが、まちづくりの側からも取り組んでいこうということである。

これまで述べてきたように、公共トイレについては多様な利用者に対応するための取組は進められてきたが、認知症高齢者の利用まではあまり想定されてこなかった。高齢者は加齢とともに排泄に支障を抱える人が増えるため、外出先のトイレ環境が高齢者の外出を大きく左右する。

認知症高齢者のトイレ問題を研究している野口祐子氏（日本工業大学建築学部建築学科教授）によると、認知症高齢者が外出先のトイレを使う際に困ることとして、次のような問題を指摘している[iii]。

- ・便器洗浄の方法が様々で注意書きも不統一でわかりにくい
- ・鍵の種類が様々で開閉方法がわかりにくい
- ・多機能トイレの自動ドアが使えない
- ・トイレの案内表示が不十分
- ・個室が狭い（シルバーカーが入らない）
- ・女性トイレに介助男性が入りにくい
- ・トイレを出てどこだかわからなくなる

こうした課題に対して、認知症高齢者に配慮したトイレに望まれることとして、次の点をあげている。

- ・異性介助者・同伴者も一緒に入れるトイレ
- ・介助者、シルバーカーが入る広さのトイレ
- ・紙おむつ・紙パンツ使用に配慮したトイレ（着替えができる広さと設備、清潔にするための温水設備、紙おむつ・紙パンツの大型ゴミ箱や自動販売機）
- ・わかりやすい操作系設備（鍵、便器洗浄ボタンや温水洗浄便座リモコン、多機能トイレの自動ドア

の開閉ボタン等）とその説明書き。

・便器周りや洗面台付近だけでなく通路等動線を含む各所に転倒防止の手すりの設置
・トイレの前の待合場所（ベンチ）
・トイレを見つけやすいサイン（本人を連れて探し歩けない介助者もトイレをすぐに見つけられる案内図や誘導サインが必要）

⑷　LGBT とトイレ

　LGBT とは、レズビアン、ゲイ、バイセクシャル、トランスジェンダー、それぞれの英語の頭文字からとったセクシャルマイノリティの総称である。ユニバーサルデザインの観点から、こうしたセクシャルマイノリティのトイレについても議論が広がっている。特にトランスジェンダーと呼ばれる、心と体の性が一致しない人にとってトイレの悩みが大きいとされる。心と体の性が一致していなくても、外見は女性のまま、男性のままの人もいれば、ホルモン治療などで望む性に変化している人もいる。女装、男装している人もいる。

　多機能トイレはこうした人たちの受け皿と考えられているが、気兼ねなく使えるという意味で、性別に関わらず利用できる男女共用のトイレをつくるという考え方もある。入り口で男女に分けるのではなく、男女兼用の個室を複数設置するというアイデアもある。多機能トイレに LGBT のシンボルマークとされている「レインボーマーク」をつけるというアイデアもある。ただし大阪市では当事者から反対の声が上がって撤去したという例もある[iv]。

　トイレはそもそも防犯や安全のために男女別に設置

されており、公共トイレをすべて男女共用とすること
はかえって問題が生じるだろう。また災害時のトイレ
対策においてもこの問題は大きな課題である。LGBT
は意識や考え方も多様で、トイレのユニバーサルデザ
インについては明確な方針は出ていないのが実情であ
るが、自治体においては当事者の意見を取り入れて検
討を重ねることが望まれる。

(5) 外国人への配慮

　トイレの習慣は国によって異なる。しゃがみ式便器
の場合、日本では入り口に対して横向きが多いが、海
外のしゃがみ式はドア方向を向いていることが多く、
しゃがむ向きをよく間違える。いわゆるきんかくしに
座ってしまうという話も聞く。腰掛け式トイレは世界
共通だが慣れない外国人もいて、便座に足を乗せて
しゃがんでしまうという間違いもあるようだ。またイ
スラム圏の国々では男性もしゃがんで小用をしたり、
用便の後は水で洗うという習慣がある。こんなふうに
トイレの習慣の違いによってトイレが汚れるという
ケースもある。

　さらに日本のトイレはハイテクすぎて、ボタンの種
類が多くて操作がわかりにくい。流し方もレバー式、
ボタン式、センサー式などさまざまで、外国人でなく
ても戸惑うことが多い。この洗浄ボタンの形状や配置
については、日本からの提案で国際規格が定められて
いる[v]。設備設計においては、こうした規格に準拠す
ることや、使用上の注意事項、器具の操作方法などを
多言語表記するなどの配慮が求められる。

　ハンカチを持たない習慣の国や、トイレにハンドド
ライヤーの設置を義務づけている国もあるので、管理

が出来るトイレではハンドドライヤーやペーパータオルを設置することが望ましい。

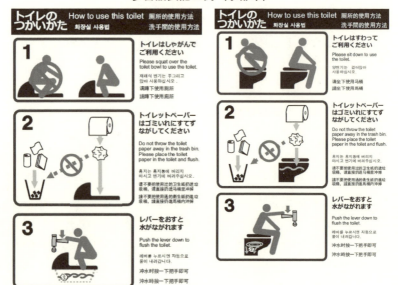

多言語表記の例（京都市）

https://www.city.kyoto.lg.jp/kankyo/page/0000193917.html

---

i 独立行政法人国立特殊教育総合研究所のWEBサイト掲載の原則、ガイドラインの翻訳を要約
http://www.nise.go.jp/research/kogaku/hiro/uni_design/uni_design.html

ii 2007年に日本工業規格（JIS0026）に洋式トイレのペーパーホルダー、流すボタン、非常呼び出しボタンの配置や色使いが規格化され、2015年12月に国際標準化機構（ISO）の規格としても採用されている。

iii 野口祐子「認知症高齢者のトイレ問題－公共トイレの困りごと調査と操作ボタンの検証から－」（第34回全国トイレシンポジウム2018概要集）

iv 2018.4.20 産経新聞

v 「ISO 19026　アクセシブルデザイン公共トイレの壁面の洗浄ボタン、呼出しボタンの形状及び色並びに紙巻器を含めた配置」という名称で、洋式トイレの個室を設計する際の「ペーパーホルダー」、「流すボタン」、「非常呼出しボタン」の配置の仕方や色使いの規格。

第4章 トイレ教育と学校のトイレ

1．子どもの発育とトイレ

(1) 子どもの発育と排泄

　赤ちゃんは、膀胱の機能や、脳機能がある程度発達するまでは排尿を我慢できないのでオムツが必要である。新生児のうちは膀胱に尿をためておけず、自分の意思に関係なく、たまると膀胱が勝手に収縮して排尿する。1歳後半ごろになると膀胱が少し大きくなり、2歳を過ぎる頃には膀胱と脳の伝達回路もしっかり通じてきて、たまった感覚を意識できるようになる。3歳ごろになると膀胱と脳の伝達回路が確立され、「おしっこがしたい」と感じてからおしっこが出るようになる。4歳頃になると膀胱と脳の伝達回路は大人とほぼ同じになり、「おしっこがしたい」と感じてもトイレまでがまんできるようになる。だいたいこの頃までにはオムツがはずれる。

　ちなみにうんちもおしっこと同じような時期から「トイレトレーニング」が必要とされる。うんちが出る感覚はおしっことは別なので、トイレに慣らす、ウンチがでる感覚を教えるなど、育児の本にはいろいろなことが書かれている。トイレでおしっこができるようになってから、うんちができるまで半年以上かかる子もいる。

⑵　子どものトイレ

　子どものトイレは、発育に応じた対応を考える必要がある。多機能トイレにはオムツ交換台やベッドの設置が標準になっているが、幼児の使用にまではあまり配慮されていないようだ。

　乳児の場合は寝かせてオムツを替えるために、オムツ替えの台が必要だが、1歳を超えるとよちよち歩きをするようになり、子どもを立たせてオムツ替えをすることがある。最近はパンツ型のオムツが普及しているので、立たせてオムツを替えるケースが多いと思われる。この場合はオムツ替えの台の上に立たせるのは危ないので、着替え台があるとよい。3〜4歳になるとトイレが使えるようになってくるが、一人ではできないので保護者がそばについている必要がある。

　乳児から幼児までのトイレニーズを多機能トイレですべて受け止めることは可能だが、利用頻度が高くなり多機能トイレを待つ人が出てくる。そのためこれらの機能をトイレ全体で受け止める機能分散という考え方が示されている。商業施設などのように子供用トイレを別に設けることが望ましいが、トイレ全体にこれらの機能を持たせて対応することは可能である。

　子供用のトイレには、子どもサイズの便器が必要である。また親が一緒に入れるスペースを確保すること、子どもだけがブース内に入る場合はドアの外から見守ることができるようにしておくことが必要である。さらにベビーカーの置き場にも配慮しておく必要がある。幼児が「オシッコ」と言い出した時に、並ばずにすぐに用を足せるためには幼児用トイレを大人用とは別に設けることを推奨したい。

　なお男性用小便器にはリップ（前方に張り出した受

け部)の高さを低く(リップ高 350mm を標準)し、子供から大人まで使用できるようにすることが必要だが、大人と子どもが並んで小便をした場合、便器からの目に見えないはねかえりが子どもに降りかかるので、仕切りをつけたり子供用の小便器は大人用と離して配置するなどの配慮も必要である。

キッズトイレ

新潟県見附市のまちの駅「パティオにいがた」の子ども用トイレ。ブースは親子で入れるスペースが確保されている。

(3) 排泄教育、便育のススメ

日本トイレ協会の村上八千世さん(アクトウェア研究所代表)は幼児期からの「便育」の重要性を訴えている。「便育」とは、排泄物から目をそらすのではなく、自分自身の身体から出てきた「排泄物」に関心を持つことで、「食」または生活全般について、食べものの流れの川下から考えめぐらすことである[i]。排泄から体の健康や食育につなげようというのが便育である。

幼児期や小学校の低学年では「うんこ」「うんち」は恥ずかしいものではない。「うんこ漢字ドリル」や「うんこ算数ドリル」(うんこを題材にした漢字や計算問題のドリル)がヒットしているほどだ。どちらかといえば、小さい子どもにはうんこはなじみ深いもの

だ。しかし高学年になって羞恥心が芽生えるようになると、排泄そのものを恥ずかしいと感じるようになり、人前でトイレに行きにくくなる。男の子は誰もが経験したことだが、特にうんちに行くことが恥ずかしくなる。

小学生が排便を我慢することは体の成長や健康面で大きな問題である。我慢する理由の一つは学校のトイレ環境の問題だ。いまだに和式の便器のトイレも多く、洋式で温水洗浄便座に慣れた子ども達にとっては、学校のトイレは快適なものではない。

日本トイレ協会では、かつて学校トイレ出前教室を実施していた。多いときには30〜40校で行った時期もある。排泄の話を専門家から聞き、うんちから健康状態がわかるということを知ると、うんちに対する認識やトイレに行くことの大切さが理解されるようになる。

2005年に「食育基本法」が施行され、その前文には「食育を、生きる上での基本であって、知育、徳育及び体育の基礎となるべきものと位置付ける」とあり、子どもたちが生きる力を身につけていくためには何よりも「食」が重要であり、「食」に関する知識と「食」を選択する力を習得することの必要性を述べている。しかし「食」とは食べることだけでなく、食べたものが体内に吸収され、不要なものが体外に排出されるまでを考えるべきだろう。その意味では排泄も「食育」の一環として位置づけられるべきである。

しかし「食べること」に対して、「出すこと」についての教育や指導は遅れをとっている。子どものうちから自分のうんちが発する身体のメッセージを理解し、食の選択に配慮するような、食と排泄を結びつけ

た教育や指導が必要とされているのである。

2．学校のトイレを快適にする

(1)　学校トイレがかかえてきた問題点

　学校は家庭とならんで長い時間を過ごす生活の場である。生活の場であるからには、勉強や運動、遊びのほかに、食事や排泄についても過ごしやすい環境を提供することが大人の責任である。しかしこれまでの学校のトイレは、子どもたちにとって快適な場所ではなかった。

　家庭では洋式、温水洗浄便座が当たり前の環境に対して、学校のトイレは和式が多く、慣れない子どもたちは便意をもよおさないように朝食を抜いたり給食を食べなかったり、排便を我慢して健康を害したりした。また学校のトイレ空間は閉鎖的で、教室から遠い場所に配置されていたため、いじめや喫煙などの不良行為の場となってきた。昔の木造校舎で汲み取りトイレの時代は、臭気や汲み取り作業の関係で校舎の端に作らざるを得なかった面もあるが、鉄筋コンクリートの校舎になっても設計思想はあまり変わらず、トイレには深い配慮がなされてこなかったきらいがある。

　昔のトイレは男女の別がないものもあり、性差や羞恥心を覚える年頃の子どもたちへの配慮が欠ける施設も少なくなかった。中学校で男女共用トイレをあとから仕切ったトイレを見たことがあるが、トイレ環境としては劣悪としかいいようがない。ベッドタウンなどで人口が急増した都市では、こうした学校のトイレは今でも見られる。また子どもたちの体格の変化に対応せず、ブースが狭いトイレもある。このようなトイレ

は清掃や維持管理が不十分になりがちで、いたずらや破壊行為にもつながってきた。

　学校トイレの改善が進まない理由として、既存の施設の老朽化が進み改修を必要とする施設もトイレの数も多いために、費用がかかる事があげられる。また少子化によって全国的に学校の統廃合が進められており、いずれ廃校になる学校のトイレの改修の優先度はどうしても低くなってしまうという理由もある。そのために新設の学校と統廃合される学校の施設の格差は大きくなっている。

　また公立の小中学校は災害時の避難所に指定されていることが多いが、長期の避難より水害などの警報発令で一時的な避難拠点として使われることが増えている。避難所としての利用では、特に高齢者や乳幼児などトイレの利用が困難な人に対する配慮が必要だが、学校のトイレはまだまだそのようなニーズに対応していないところが多い。学校トイレの改善は、子どもたちの生活環境の改善という視点はもちろんのことであるが、地域住民全体の利便のためにも、政策や予算配分のプライオリティをあげる必要があるのではないだろうか。

⑵　学校トイレ改善の経緯

　80年代後半から学校以外のトイレの改善が進む一方で、学校トイレは取り残されていた。しかし私立の学校では少子化を見据えた学校間競争のなかでトイレに着目し、90年前後から特に女子の中高校がトイレに取り組むようになった。私立学校が先鞭をつけた形ではあるが、公立の学校でもいろいろな取り組みが始まった。

日本トイレ協会では学校トイレ問題に関心を抱いていた有志と「学校のトイレ研究会」を立ち上げ、97年に「学校トイレの整備と子供の健康」をテーマに学校トイレフォーラムを開催した。このフォーラムでは、中学校のトイレ改修に生徒が参加した事例が報告され、大きな反響を呼んだ。また95年の阪神大震災での避難所トイレの問題もとりあげられた。このフォーラムでは、学校トイレと子どもの健康から学校トイレのバリアフリー、生徒参加によるトイレ改善と学校の再生など幅広い課題が共有され、トイレは学校建築の計画・設計における重要なテーマになった。

　東京都世田谷区は、1998年に区が設置・管理する「公共トイレデザインコンペ」を実施したり、全国に先駆けて公園や公衆トイレの実態調査を実施し、トイレのシンボルマークを決めて市街図に表示するなど、トイレ先進都市として知られていた。学校トイレにも注目し改善に取り組もうとしたが、学校施設の老朽化の問題もあってトイレを優先することは内部的にもなかなか難しかった。そこで教育委員会を中心に学校トイレの実態調査や外部の専門家を入れた学校トイレ研究会を設け、モデル校から改善を行ってその効果や課題を検証しつつ、計画的に全区に整備を広げている。世田谷区の最初の取り組みは、中学校のトイレの改善案を生徒の参加でつくるというもので、ブースの広さやトイレを休憩や交流の場所としてデザインすることなどのアイデアが実際の設計に取り入れられた。

　また区はモデル校の評価をもとに、トイレ改修プランの標準化の作業を進め、「学校トイレ工事共通仕様書」を作成し、これをもとに改修を進めるとともに継続的な見直し作業を行ってきている[ii]。

行政も関心を寄せるようになり、文部科学省では2000年に老朽化した施設の長寿命化や耐震補強のための学校施設の改造事業をスタートさせた。この中の学校施設環境改善交付金の大規模改造事業の中にトイレ改修が位置づけられており、トイレ改修に関する交付金の算定割合は原則1／3、対象工事費1校あたり400万円（下限額）～2億円（上限額）となっている。また2011年には「トイレ発！明るく元気な学校づくり＝学校トイレ改善の取り組み事例集」を発行するなど、教育行政の中でのトイレの位置づけも大きく変わってきている。

世田谷区の学校トイレ改修の取組のプロセス

1998	・「世田谷区小中学校トイレ改修検討委員会」の設置—トイレのあり方、方向性を示す。 ・モデル校三校を選択し、実態調査、アンケート調査、ワークショップの実施
1999	・上記の活動を反映させたモデル校の改修とその評価課題を「世田谷区立学校トイレ改修マニュアル」にまとめる。 ・区内全校に配布
2000	・施設営繕担当、教育委員会を中心に「学校トイレ研究会」を立ち上げる。 ・モデル校の実線をふまえ標準化、省力化、迅速性、コスト縮減を目的として「学校トイレ工事共通仕様書」を作成 ・仕様書をもとに改修を推進
2006	・上記仕様書にユニバーサルデザイン、防災等のトイレの項を追加 ・新築仮設校舎等にも仕様書対象範囲を広げる
2011	・現在までトイレの使い勝手、新しい設備の追加等の現場の声をフィードバックし仕様書の改訂を概ね二年に一度実施。 ・世田谷区内全学校のトイレの状況を把握した上で、計画的に順次改修 ・254系統中45%改修済み

出典：小林純子「公共トイレ改善の取組の評価と実現方策に関する研究」（2014年度東洋大学審査学位論文 pp41）

小学校のトイレ

世田谷区立山崎小学校のトイレ

(3) 学校トイレを改善する視点

学校トイレは単に汚い、くさいなどの問題に対処するだけでなく、教育の場、生活の場としての環境改善につながるような改善が望まれている。

●「教育の場」としてのトイレ

学校トイレは教育の場であることを意識すべきである。排泄することが恥ずかしいという考えを改めさせて当たり前の行為として認め合うことが、いじめやからかいをなくすことにつながる。また健康教育や食育につなげていくという視点も必要である。そのためにはハードだけでなく、日常的な指導や啓発が必要である。

●排泄以外の機能を持たせる

世田谷区の例では、子どもたちの意見を入れてトイレ入り口にベンチを配して友人同士が待ち合わせたり、おしゃべりをしたり、単に排泄の場としてだけでなく憩いの場、交流の場としての機能を持たせている。また大人も会社のトイレで一人になってほっとしたりするように、子どもたちにとっても学校のトイレは一人になって落ち着ける場所であってほしいはず

だ。こうした機能面からの改善、トイレに排泄の場所以外の機能を付加することで、古いトイレが持っていたネガティブなイメージを払拭することが、いじめやいたずらをなくすことにもつながっていく。

文部科学省「トイレ発！明るく元気な学校づくり＝学校トイレ改善の取り組み事例集」
http://www.mext.go.jp/b_menu/shingi/chousa/shisetu/016/toushin/1312998.htm

●和式か洋式か

従来の学校トイレの大便器は、ほとんどが和式だったが、洋式化が急速に進んでいる。2016年に文科省が実施した学校トイレの実態調査によると、公立小中学校施設にあるトイレのうち、児童生徒が日常的に使用するトイレ（校舎、体育館・武道館、屋外トイレ、多目的トイレ等）の全便器数は約140万個で、そのうち洋便器数は約61万個（43.3％）、和便器数は約79万個（56.7％）であった。まだ半数以上が和式だが、トイレ整備に対する教育委員会の方針を聞き取ったところ、洋式を多く設置する方針の学校設置者が全体の

約85％であった。

　公共的な利用に供するトイレの和式と洋式について
は、現在も様々な意見がある。人の座った便座に座る
ことに抵抗を感じるという強い声もあり、学校でも和
式と洋式の比率については検討課題となっている。ち
なみに文科省の調査では、「おおむね洋便器にする」
が42.5％、「各階に1個程度和便器を設置」が13.4％、
「各トイレに1個程度和便器を残しあとは洋便器」が
29.3％、「洋便器と和便器をおおむね半々に設置」
10.7％となっている（図表96ページ）。学校施設は学
校開放や災害時の避難所などにより、学内外の多くの
人々が利用することに配慮することが必要なので、一
定程度の和式便器を残す必要性はありそうだが、トイ
レ機器メーカーでは和式便器はすでにほとんど生産さ
れていないという。そうした事情からも、学校トイレ
の洋式化は急速に進みそうである。

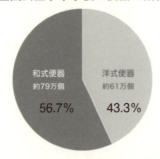
全国公立小中学校の便器の割合

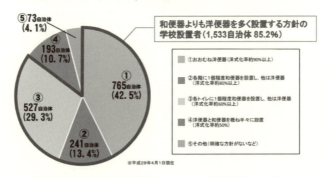
学校設置者（全体1,799自治体）の整備方針内訳

出典：文部科学省「公立小中学校施設のトイレの状況調査」2016年

●清掃しやすい設計

　快適なトイレは日常的な清掃と適切な管理によって維持することができる。日常的な清掃をだれがどのように行うか、生徒に清掃や維持管理にどの程度参加させるかなどについても、清掃のしやすいハード整備、壊れにくく長寿命な設備、節水や環境負荷の低減を意識した器具の導入なども検討の視点に入れておく必要がある。

　トイレには乾式と湿式がある。湿式とは床がコンクリートやタイルになっていて水を流して清掃できるトイレ、乾式は屋内と同じような床材でつくられたトイレのことである。乾式トイレは水で洗い流して清掃す

るのではなく、床を拭いて掃除する。

　従来の学校トイレは湿式がほとんどで、水を流してデッキブラシなどで掃除した。湿式トイレは駅や公衆トイレのように利用者が非常に多く、便器外への排泄や嘔吐などの汚れに対しても水洗いで対応できるという利点があるが、学校トイレでは無機質で冬場は冷たく落ち着いて使いたいトイレとは言いがたい。

　乾式の床は水が残らないので清潔感がある。最近では改修に際して乾式トイレにする学校が増えている。湿式と乾式では清掃の手間や方法が違うので、児童・生徒が清掃する場合には適切な指導が必要である。

⑷　設計・デザインのポイント

　従来の学校トイレは個室の壁は薄く、仕切り壁も上部が空けてあるなど、プライバシーの面では落ち着けない場所であった。子どもたちの憩いの場とするためには、プライバシー性の高い個室ブースを設置することが必要である。

　一方では、トイレそのものを密室にしてしまわないよう、死角をなくしできるだけ開放的な場所としてデザインする必要がある。

　具体的な配慮事項としては、以下のようなことが考えられる。

　　・トイレは校舎の端や人目のつかないところに設置しない。
　　・トイレ全体を密室にしないように、出入り口は扉を設けず目隠し仕切りとする。
　　・入り口にベンチを設けるなど溜まれるスペースを確保し、トイレが交流の場となるように工夫する。

・換気、採光、照明に配慮し、明るく開放的な雰囲気になるようにする。
・床や内装の色彩はできるだけ明るい色にする。
・トイレの個室ブースの間仕切りは床面から天井までとし、プライバーシーを確保する。
・子どもの体格に応じた適切な便器の大きさ、高さとする。
・低学年の児童が使いやすい個室ブースを工夫する。
・個室ブースにはフックや荷物置き場を設ける。
・洗面台には鏡を設置し、身繕いができるスペースを確保する。
・床は乾式の方が望ましい。
・手洗、使用後のフラッシュ器具はできるだけ自動にすることが望ましい。
・車椅子対応の多機能トイレを1階に設けること。

3．「トイレ学習」のススメ

(1)　生徒の参加によるトイレ改善

　文科省がまとめた学校トイレ改善事例集では、学校トイレの改善において「自分たちのトイレ」という意識を高めるため、計画段階でワークショップを開催して子ども達の意見を反映した例を紹介し、トイレ改修を実施した学校では「子ども達の間に、快適になったトイレを汚さない、大切に使うといった意識が生まれた」、「子ども達が今まで以上に清掃を一生懸命行うようになった」との声が聞かれたと書かれている。改修されたトイレを大切にするという意識は、学校施設全般を大切に使うという心も育むことにつながる。

トイレ改修を教育と結びつける取り組みの先鞭をつけたのは、滋賀県の栗東中学校である。1994年に栗東町（現在の栗東市）教育長に赴任した里内勝さんは、子どもたちの自主性や公共心、責任感を育てるテーマとして学校のトイレに着目し、生徒の意見を入れてトイレの改善を行った。

　氏の著書[iii]によると、当時は町内の中学校が「荒れている状態」で、生徒指導主任が非常事態宣言を出し出張にも行けない状況だったという。壊されたトイレは使用中止になるが、一番困るのは生徒自身であるにもかかわらず、生徒は無関心な態度だった。学校トイレは予算が乏しいこともあって、家庭や公共施設のトイレがきれいになっていく中で、汚いまま取り残されてしまっていた。氏は生徒や教職員の学校に対する意識を変えるために、全町の学校にきれいなトイレを作ることとし、学校が設立された順に改修するということで、栗東中学校が最初の学校になった。

　さらにそのトイレづくりに最初から生徒が参加することで、自分たちの学校という意識を持たせようと試みた。栗東中学校では生徒と先生から構成される「トイレ委員会」を作り、生徒にどのようなトイレがほしいかアンケート調査をし、意見を集約した。従来は学校施設は設置基準に基づいて建設されるもので、児童や生徒の意見を求めることは考えられなかった。そのため生徒の手でトイレを作ることが伝えられた時、町内でも大きな波紋を引き起こしたという。一方で生徒にとっては、そのような形で自分たちが認められることが驚きであり喜びであった。改修の効果は著しく、以前は水浸しの床で汚かったトイレはデパートのトイレと見間違うほど立派で明るく清潔な空間になった。

生徒たちは「心のオアシス」「憩いの場」として、休み時間には多くの生徒が押し掛けおしゃべりする場になった。かつての問題児のたまり場はコミュニケーションの場に変貌した。生け花委員会によってトイレに花が飾られトイレはきれいに保たれた。

このエピソードが示唆することは当たり前のことだ。「学校をよくするのは自分たちだ」ということをトイレ改修への参加を通して子どもたち自身が気づいたこと、そしてそれが「自分たちのまちをよくするのは自分たちだ」ということにつながる。「学校トイレ改修への参加は、正義感、自主性、公共心、責任感を育む心の教育となる」と述べている。

(2) トイレを題材にした学習

トイレはあらゆる社会問題に通じるテーマであり、トイレを題材にした学習も行われている。道徳教育であり、環境教育であり、保健や衛生教育である。小学校では生活科の中で取り扱うのにふさわしいテーマであろう。低学年の指導の目的としては、排泄の大切さやトイレの意味、使い方を教え、正しくトイレを使えるようになることなどがある。また和式のトイレの使い方のようなトイレトレーニングも必要かもしれない。しゃがみ式のトイレの国も多くあり、若い人でしゃがんで排泄することができないので、そうした国に行けないという話を聞いている。

特に重要な関わりとして、SDGs（持続可能な開発目標）とトイレがある。目標6は「安全な水とトイレを世界中に－すべての人に水と衛生へのアクセスと持続可能な管理を確保する」である。SDGsの17の目標の中には、地球規模の環境問題や発展途上国の貧

困、衛生、人権など、トイレに関係するテーマも様々ある。

目標6の中の具体的なターゲットには「2030年までに全ての人々の、適切かつ平等な下水施設・衛生施設へのアクセスを達成し、野外での排泄をなくす。女性及び女児、並びに脆弱な立場にある人々のニーズに特に注意を払う」とある。世界では、3人に1人が安全で衛生的なトイレを日常的に使用できない環境で生活をしており、そのうち約9.5億人が屋外で排泄を行っている。不衛生な環境が原因で発症する下痢性疾患により、毎日800人以上もの5歳未満の子どもたちが命を落としている。こうした事実を子どもたちに教えることは、非常に重要である。

企業が学習プログラムを提供している例もある。トイレ機器メーカーのLIXILは、小学校高学年（5～6年生）を対象としてオリジナル出前授業「トイレが世界を救う！」を実施している。オリジナルツールを用意し、世界が抱えるトイレの問題や衛生課題解決の事例紹介などを行っている。TOTOでは「みんなにやさしいパブリックトイレを考えよう！」をテーマに、教材や授業ガイドの配布、授業の支援、社員による出前授業などを行っている。

高校では、防災教育の一環として災害時のトイレ対策を調査・研究したり、「理想の学校トイレ」をテーマに研究した事例などもある。トイレの多面的な課題をテーマとして、トイレ学習が広がることを期待したい。

(3) トイレ掃除について

統計がないので児童・生徒がトイレ掃除をしている

学校がどのくらいあるのかはわからないが、教室や廊下掃除の延長として実施している学校も少なくないようだ。そもそも児童・生徒が学校の掃除をするのは珍しいらしい。外国では学校の管理を行っているスタッフか清掃会社に委託しているという。アジアのある国では、保護者が当番で掃除に行くという話を聞いたこともある。いずれにせよ日本の多くの小中学校では学校の掃除を児童・生徒が行い、トイレ掃除もその一環として行われてきた。

　学校でのトイレ掃除は「自分たちの学校は自分たちできれいにする」という、公共心を育む機会としてとらえられる。特に改修してきれいになったトイレを、大事に使って美しく維持管理するという責任の一端を児童・生徒に求めるという意味において、トイレ掃除は奨励されるものだと思う。

　ちなみに自動車用品販売会社イエローハット創業者の鍵山秀三郎さんは、30年以上前から社員教育としてトイレ掃除を行っている。その方法は「素手で便器を磨く」というもので、トイレ掃除は心やホスピタリティを磨くことにつながるという哲学に賛同した企業経営者らが「NPO法人日本を美しくする会／掃除に学ぶ会」をつくって、実践活動を続けている。「精神修養としてのトイレ掃除」は日本以外にも広がっているというが、学校にはこのようなトイレ掃除の方法や考え方を持ち込むべきではないと思う。

　乾式の清掃は乾燥した状態で清潔感を保ちやすく、児童・生徒の手で掃除しやすいといえる。「学校トイレ研究会」[iv]や「学校トイレ.com」[v]のホームページには、トイレ掃除の手順が紹介されているので参考にしていただきたい。特に注意すべきことは、衛生上の配

慮と洗剤等の使用についての配慮である。先生方の指導が大事になる。

「素手で便器を磨く」というのは論外で、必ずゴム手袋をはめ、マスクをして作業すること。特別な道具は必要ないが、かがまないで使えるようにモップ等は柄の長いものにすること。また洗剤は安全を重視して、食器用中性洗剤を十分に薄めて使うなどの配慮が必要である。基本的な作業は、床を掃いてごみやほこりを掃除し、モップで拭く。便器の内側は中性洗剤を薄めたものでこすり洗いをし、外側は雑巾で拭く。洗面台もボウルの内側をこすり洗いして外側を雑巾で拭く。

こうした日常の清掃の手順はマニュアル化し、教職員が共有して指導にあたれるようにしておく。また定期的に日常清掃では手が届かない場所などの清掃を行うことが望ましい。年に一回程度は専門の清掃業者に点検と配管の清掃などを行ってもらうと、きれいな状態を長く維持できる。

ある中学校のトイレに掲示してあるトイレ清掃の方法

作業名	使用する用具	作業方法	注意事項
床の清掃	ほうき モップ 絞ったもの…青 乾いたもの…ピンク	1．ほうきで掃く 2．よく絞ったモップ（青色で）拭く 3．乾いたモップ（ピンク）で拭きあげる	ぜったいに水はまかないこと
扉・内壁 パーティション の清掃	スポンジ（ピンク） 雑巾 よく絞ったもの 乾いたもの	1．よく絞った雑巾で拭く 2．乾いた雑巾で拭きあげる	汚れがひどいときは、洗剤をスポンジにつけて、雑巾で拭きあげる
大便器の清掃	棒たわし 雑巾	1．棒たわしで磨く 2．洋便器の便座、便器の側面をよく絞った雑巾で拭く	便器の中の汚れがひどい場合は洗剤を使うこと
小便器の清掃	棒たわし 雑巾	1．棒たわしで中を磨く 2．まわりをよく絞った雑巾で拭く	
洗面器・掃除用 流しの清掃	スポンジ（緑） 雑巾 よく絞ったもの 乾いたもの	1．スポンジでこする 2．よく絞った雑巾で拭く 3．乾いた雑巾で拭きあげる	ガラスはあまり掃除しないでください。もしする場合にはガラスダスターを水に濡らし、拭くだけでよい
ペーパーの補充		ペーパーを確認し、なければ補充すること	

ⅰ　村上八千世「排泄教育とトイレ」トイレ学大事典
ⅱ　小林純子「公共トイレ改善の取組の評価と実現方策に関する研究」（2014 年度東洋大学審査学位論文 pp41）
ⅲ　里内勝「トイレをきれいにすると学校が変わる」（2004 学事出版）
ⅳ　学校のトイレ研究会　https://school-toilet.jp
ⅴ　学校トイレ .com　http://www.gakkoutoilet.com

災害時のトイレ対策

1．これまでの災害におけるトイレ問題

(1) 阪神大震災のトイレ問題

災害時のトイレ問題が顕在化したのは、1995年の阪神・淡路大震災（以下、阪神大震災という）である。大都市を直撃したこの震災では、全半壊した住宅が約25万棟、約46万世帯にものぼり、ピーク時には神戸市内だけでも1153の避難所に約32万人が避難した。避難所は主に小中学校が使われ、被害の大きかった地区では一時は4000人から5000人もの避難者が集まったところもあった。

それまでも、地震や水害で避難所が開設された例は少なくないが、阪神大震災はその規模の大きさと、防災面でトイレについての備えがまったくなかったことから様々な問題が顕在化した。

神戸市はたびたび大水害に襲われているため、防災はすなわち水害対策であり、地震への備えはきわめて乏しかった。被災した神戸の市街地は水洗化率ほぼ100％で、雨水と汚水を別々に流す分流式の下水道は水害に強いと認識されていた。神戸市以外の被災地自治体もほぼ同じような状況で、災害時のトイレの備えはほとんど行われていなかった。

神戸市内のトイレの状況は、以下のとおりであった[i]。

●ライフラインの被害

神戸市内のライフラインの被害状況は、電気は市内全域停止、ガスは80％が停止、水道は市内でほぼ断水した。応急復旧に要した時間は電気が7日間と短期間に完了したが、地下に埋設されているガスと水道は長期にわたり、ガスは85日、水道は91日かかっている。

断水によって消火用水が不足し、火災による被害が拡大し、82万 m^2 を超える面積が消失した。病院では治療に使う水がなく、家屋の下敷きになった人が透析治療を受けられずになくなったケースもあった。

給水車による給水の目安は一人一日20リットルとされ、トイレに流す水はもちろんだが、洗面や体を拭いたり身の回りを清潔に保つための水も足りなかった。

下水道の幹線、枝線の損傷は比較的少なく、各家庭や施設内の配管が壊れていなければ汚水は流れた。ただし下水処理場の被害が大きく、神戸市内の7箇所の下水処理場はすべて被害を受けた。特に市内の処理量の30％を受け持つ東灘処理場は損壊が大きく、隣接する運河を締め切って沈殿池とし、流入してくる汚水は未処理のままいったん沈澱させて上澄みを殺菌して放流するという非常措置が5月まで続けられた。

●発災直後の対応

倒壊を免れた住宅では、便器に新聞紙などを敷いて用を足し、そのままくるんでごみ袋に入れて保管するという方法がとられたようである。穴を掘ってトイレを作ったところを見たが、実用に足るだけの穴を掘ることは実際にはなかなか困難である。

●役所のトイレ

神戸市役所の庁舎は洗浄水として地下水を使っていたため、トイレが使えた。一方、兵庫県庁は水道を使っていたため、トイレに非常に困ったと聞いている。

●避難所のトイレ

避難所には収容可能な人数をはるかに超える被災者が殺到したため、トイレはたちまち汚物が堆積するような状態になった。プールがある学校が避難所になったところでは、プールの水を汲んで水洗トイレに使ったところもある。しかし発災当初は防火用水としてプールの水の使用を禁止したところもあった。

●仮設トイレ

仮設トイレの配備は、震災翌日の1月18日から始まったが、十分な数が行き渡るまでには2週間以上かかっている。また配備された後、適切な管理や汲み取りが行われなかったために閉鎖したトイレも少なくなかった。

⑵ 東日本大震災のトイレ問題

2011年3月11日の東日本大震災は、東北地方沿岸から茨城、栃木、千葉まで、広いエリアに被害が及んだ。被害は場所によって異なり、岩手県、宮城県などでは津波によって多数の人命と家屋が失われた。

トイレの重要性は以前よりは認識されていたので、各自治体は発災直後から仮設トイレの調達に動いている。また国が調達して配備した例もあった。自治体間の協力協定にもとづいて、し尿の汲み取りや処理が行われた例もある。

●ライフラインの被害

　ライフラインが仮復旧するまでの日数は、上水、下水道管が1ヶ月ほどであるが、下水処理場やし尿処理場の復旧には1年以上かかっている。ちなみに千葉県浦安市は液状化で下水道管やマンホールに土砂が流入し、あちこちで汚水が溢れるという状況が生じた。津波被害によって下水処理場やし尿処理場が壊滅的な損壊を被ったところもあり、トイレの復旧までに長い時間がかかっている。

●避難所のトイレ

　多数の避難者が避難したところでは水洗トイレが使えず、仮設トイレが配備されるまでの間、不衛生な状態に置かれたという。野外排泄を余儀なくされたという声も聞いた。一方で仙台市では避難所となる学校に組み立て式の仮設トイレを配備しておりそれで対応している。

●仮設トイレ

　発災翌日から仮設トイレの手配が始まっているが、必要な数が行き渡るまでにはかなりの時間がかかっている。名古屋大学エコトピア科学研究所の調査によると、被災3県のなかで3日以内に仮設トイレが行き渡ったと回答した市町村はわずか34％で、1ヶ月以上かかった自治体が14％もある。

　宮城県の例では、発災翌日の3月12日から他県からの支援を受けて各市町へ供給を開始し、5月28日を最終として8市町に2,420基の仮設トイレを供給した。各市町の要望に対応して調達しているために、2ヶ月以上かかっている。仮設トイレの設置について、トラックに6基程度しか積み込むことができず搬送に日数を要したこと、受入先で仮設トイレを置く場

所の確保ができず迅速に設置できなかったことが課題されている[ii]。

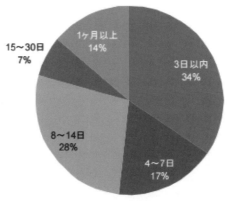

どれくらいの日数で仮設トイレが行き渡ったか

- 3日以内 34%
- 4～7日 17%
- 8～14日 28%
- 15～30日 7%
- 1ヶ月以上 14%

出典：名古屋大学エコトピア科学研究所 岡山朋子
29自治体（岩手県、宮城県、福島県の特定被災地方
公共団体）の調査結果

(3) トイレと災害関連死

震災で家屋の倒壊など直接の原因ではなく、命が助かった後の健康被害で亡くなることを震災関連死というが、トイレが原因となったケースも少なくないと思われる。

避難時のトイレが不十分なことから、特に高齢の被災者はトイレに行きたくない、トイレに行けないという心理的なプレッシャーとなり、水を飲まないでエコノミークラス症候群などを発症し、死に至るケースもある。筆者らの調査でも、高齢者が避難所の寒い出入り口に居所をとっているケースがあり、話を聞くとたいていがトイレに行きやすいからだという。熊本地震では車中避難が問題となった。避難所ではなく車中で避難する場合、特に高齢者は体を動かさないためにエコノミークラス症候群のリスクが高まる。

また水不足でトイレの清掃や手洗いなどが行き届かないので、ノロウィルスなど感染症のリスクも高くなる。せっかく助かった命を、トイレが原因でなくすなどという事態があってよいはずはなく、災害時のトイレ対策は極めて重要な課題であることを強調しておきたい。

トイレと健康被害、震災関連死との関係

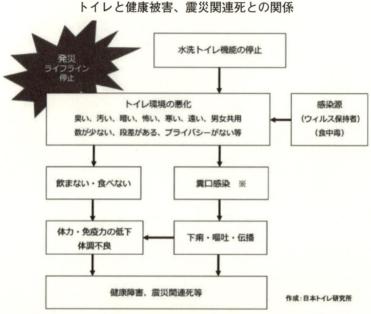

出典：内閣府防災担当「避難所におけるトイレの確保・管理ガイドライン」

2．災害用トイレの種類
(1) 災害用トイレの種類と特徴

　災害用トイレの開発は大きく進み、様々なタイプのものがある。災害用トイレの種類と特徴は次の表のとおりである。

表　災害用トイレの種類と特徴

設　置	名　称	特　徴	概　要	現地での処理	備蓄性※
仮説・移動	携帯トイレ	吸収シート方式 凝固剤等方式	最も簡易なトイレ。調達の容易性、備蓄性に優れる。	保管・回収	◎
	簡易トイレ	ラッピング型 コンポスト型 乾燥・焼却型等	し尿を機械的にパッキングする。設置の容易性に優れる。	保管・回収	○
	組立トイレ	マンホール直結型	地震時に下水道管理者が管理するマンホールの直上に便器及び仕切り施設等の上部構造物を設置するもの（マンホールトイレシステム）	下水道	○
		地下ビット型	いわゆる汲み取りトイレと同じ形態。	汲取り	○
		便槽一体型		汲取り	○
	ワンボックストイレ	簡易水洗式 被水洗式	イベント時や工事現場の仮設トイレとして利用されているもの。	汲取り	△
	自己完結型	循環型	比較的大型の可搬式トイレ。	汲取り	△
		コンポスト型		コンポスト	△
	車載トイレ	トイレ室・処理装置一体型	平ボディのトラックでも使用可能な移動トイレ。	汲取り―下水道	△
常　設	便槽貯留		既存施設。	汲取り	―
	浄化槽			浄化槽汲取り	―
	水洗トイレ			下水道	―

出典：環境省「災害廃棄物対策指針」技術資料

●携帯トイレ

　携帯トイレは、袋に紙オムツや生理用品に使われている高分子吸収材を入れて、尿や便の水分を吸収させるもの。災害時の備蓄用として認知度も上がってきた。もともとは渋滞の車中で幼児の排泄用として袋に凝固剤を入れた簡易なものがあっただけだったが、だれもが使えるようなしっかりした携帯トイレが開発され、現在ではいろいろな製品が出回っている。

●簡易トイレ

　簡易トイレとは、介護などのために居室内で使うポータブルトイレのことで、持ち運ぶことができる。

し尿を貯留したり、電気で乾燥・焼却するなど便座と処理がセットになっている。災害用トイレとしてあまり適しているとはいえないが、福祉避難所などでは一定数を備蓄しておくことも選択肢として考えられる。

また便座を組み立てて、携帯トイレとセットにして使うものもある。災害用トイレとしてはこちらのほうが実用的である。

●組み立てトイレ

フレーム（骨組み）とシートでテントのように組み立てる方式のトイレ。マンホールトイレの上や地下のピットの上に設置する。また組み立て式であるが、便槽に溜めるタイプのものもある。

●ワンボックス型（ユニット型トイレ）

工事現場やイベント時に、一般に使われている仮設トイレのこと。しっかりした構造なので、使用中の安心感もある。しかし自治体が備蓄することは場所や費用面で難しい。被災地外から運搬するためには時間がかかることが一番の問題である。

●自己処理型トイレ

自己処理型トイレは処理能力に対応する人数が限られており、災害時に大勢の利用者をさばくことは難しい。

●車載トイレ、トレーラー式トイレ

河川敷のトイレの項でも説明したように、機動力があるトイレとして災害用に注目されるようになった。一般社団法人「助けあいジャパン」（東京）は、トレーラー式トイレを自治体が一台ずつ保有し、災害時には被災地に派遣しようという「災害派遣トイレネットワークプロジェクト」を進めている。すでに富士市などが配備しており、被災地に派遣された実績がある。

災害用に開発されたトレーラー式トイレ

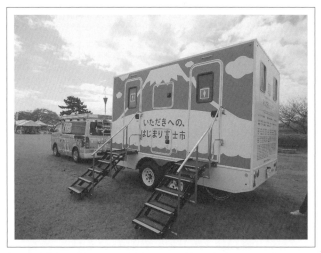

簡易水洗方式で給水タンクと汚水タンクを持つ。汚水タンクが満タンになるまでに延べ1,200回〜1,500回分程度の使用が可能。
写真提供：富士市

(2) 携帯トイレの備蓄

　携帯トイレに使われているポリアクリル酸ナトリウムなどの凝固剤（高分子吸収材）は、自重に対して水では200〜1000倍、尿では30〜70倍の吸水能力を持っている。携帯トイレには袋に紙オムツ状の吸水材を入れたもの、袋と凝固剤が別になっているものがある。レジャー用、幼児用など用途によって袋の形状や吸収量がちがう製品が様々に販売されている。使う場合は既設の洋式便座にかぶせて使うか、ポータブルトイレにかぶせて使う。

　政府はトイレの自助として、最低３日分の備えを推奨している。避難所などに必要な数の仮設トイレが配置されるまで１週間以上かかる場合もあるので、できれば１週間分くらいは備蓄しておくべきだろう。

　推奨される備蓄数量は以下の通りである。

> 携帯トイレの備蓄（推奨は1週間分）
>   ・一人あたり1日5回×7日＝35袋
>   ・4人家族では　35×4＝140袋

　携帯トイレはホームセンターやインターネット通販でも簡単に購入できる。価格は様々だが1回あたり100〜200円である。小用の場合は1袋で複数人の使用が可能だ。ただし凝固剤や吸収材は時間を置くと効果がなくなってしまうので、続いて使う必要がある。家族で使用する場合は、使用済みのものの保管を考えるとこうした使い方をした方がよいかしれない。価格の高い製品は袋の強度や消臭などに工夫されている。

●トイレの自助、共助、公助としての備蓄

　政府は大規模災害時には、地元自治体から要請がなくても物資の支援を行う「プッシュ型支援」を行うこととしている。トイレもプッシュ型支援の対象で、発災後4日目から7日までの支援として南海トラフ地震では5442万回、首都直下型地震では3150万回分のトイレが必要であるとしている。日本トイレ協会では支援が届くまでの3日間を加えて、南海トラフ地震で9523万回、首都直下型地震では5512万回分のトイレが不足すると試算している[iii]。しかし緊急にこれだけの回数を処理するトイレを準備することができるかどうかは、実際のところ覚束ない。したがって自治体の災害備蓄物資として十分な数を確保しておくとともに、自助、共助として各家庭やオフィス、町内会・マンションなど備蓄しておくことも必要である。

●トイレットペーパー等の備蓄

　トイレに関係するものとしてトイレットペーパーの備蓄も必要である。東日本大震災では被災地のみなら

ず、全国的にトイレットペーパーの不足が発生した。トイレットペーパーの国内生産の約4割は静岡県で行われているため、東海地震等が発生した場合には、トイレットペーパーが全国的に深刻な供給不足となるおそれがある。経済産業省の働きかけにより、日本家庭紙工業会は「トイレットペーパー供給継続計画」を策定して災害の際にはトイレットペーパーの増産等を行うことになっているが、それでも1か月程度の混乱が起こることが予想されるため、各家庭に1ヶ月分程度の備蓄を推奨している。

その他、過去の災害の経験では、トイレを清潔に保つための清掃用具、足拭きマット、消臭剤、手洗い用の石けん・消毒剤などが必要である。

> トイレ関連の資材で備蓄しておいた方がよいと思われるもの
> ・清掃用具（バケツ、デッキブラシ、ゴム手袋、雑巾、洗剤など）
> ・消臭剤など
> ・足拭き用のマット（汚れを避難所内に持ち込まないため）
> ・手洗い用石けん、手の消毒剤

⑶マンホールトイレ

マンホールトイレは、下水道のマンホールや下水道管に接続する排水設備上に、組み立て式のテントと便器を設置するものである。筆者らが阪神大震災のトイレ調査の時に、道路のマンホールの上にトイレをつくっていたものを見て神戸市に提案し、小学校に試験的に設置したことが嚆矢となった。防災公園などで設置されてきたが、避難所となる学校につくる自治体も増えている。現在は国土交通省もマンホールトイレの普及を図っており、熊本地震では設置したばかりのマンホールトイレが役立った。

災害用に整備されつつあるマンホールトイレには、

本管に直結するタイプや多少の貯留機能を持たせて流下させるタイプなどがある。貯留機能を有したマンホールトイレは、放流先の下水道施設が被災していたとしても汚物を一定量貯留することができる。
　マンホールトイレは、水があれば通常の水洗トイレに近い感覚で使用でき、仮設トイレのように外部から調達する手間がいらない。特に、し尿を下水道管に流下させることができるため、衛生面でのメリットが大きい。

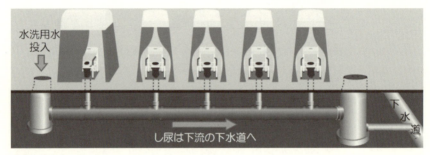

国土交通省 HP より

(4) 災害用組み立て式トイレ

　備蓄用につくられた災害用組み立て式トイレで、自衛隊や一部の自治体では古くから防災備蓄品のひとつになっている。基本的には汲み取り式トイレと同様に便槽にし尿を溜める。このトイレは便槽内のし尿を固体と液体に分離し、ほとんどの容積を占める水分のみを消毒処理して外部に排出する機能を持っている。便槽の実容量よりも大量の利用が可能で、1基で約5,000人～10,000回分の処理能力があるという[iv]。

災害用組み立て式トイレ

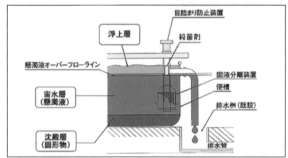

「トイレ事例集」（内閣官房すべての女性が輝く社会づくり推進室）より

(5) 適切なトイレの組み合わせ

　災害時にはライフラインの状況や設置場所、使う人の状況などに応じて、適切なトイレを選択する必要がある。国土交通省は、携帯トイレ・簡易トイレによるトイレの自助から仮設トイレ、マンホールトイレが充足するタイムスケジュールを次の図のように想定している。

　初動対応としては、あらかじめ備蓄しておいた携帯トイレ・簡易トイレで対応する。携帯トイレは各家庭での備蓄に加え、オフィスでの備蓄、町内会やマン

ションなどコミュニティー単位での備蓄、自治体の災害備蓄物資としての備蓄も必要である。

マンホールトイレや災害用組み立てトイレは組み立てが簡単で、迅速に利用できる。それぞれのタイプの特性を踏まえ、時間経過と被災状況に応じて組み合わせ、「良好なトイレ環境を切れ目なく提供するよう努める必要がある」[v]。

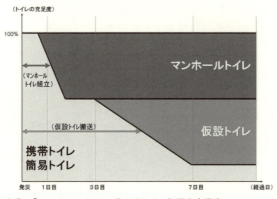

出典:「マンホールトイレガイドライン」国土交通省

災害時のトイレ対策は、とりあえず数量の確保が優先するが、その数量の中に高齢者や障害者などトイレの利用に困る住民への対応もきちんと入れておかなければならない。また一時的な避難と避難所での生活とでは、トイレに対するニーズも大きく変わってくる。発災初期には「排泄する場所」としてのトイレの確保が優先するが、避難所生活が始まるとトイレの快適性が求められるようになる。こうしたトイレニーズの変化への対応も重要である。

3．避難所トイレの計画

⑴　避難所トイレの必要数

　トイレの数は避難所での生活の質に大きく影響する。そもそも避難者数に対するトイレの数を決める基準はなかったので、筆者らが調査した阪神大震災のときの神戸市のデータが基礎になってきた。阪神大震災の時、避難者100人に1基行き渡るまで2週間かかっている。70人に1基となってようやく数が足りないという苦情はなくなったという。

　内閣府の「避難所におけるトイレの確保・管理ガイドライン」（平成28年4月）では、こうした過去の経験や国際的な基準（スフィア基準）から避難所のトイレ設置数の目安を示している。スフィア基準とは、難民や被災者に対する人道援助の最低基準を定める目的で、1997年に非政府組織（NGO）グループと赤十字・赤新月運動によってもうけられたもので、生命保護のために必要不可欠な「給水、衛生、衛生促進」「食糧の確保と栄養」「シェルター、居留地、非食糧物資」、「保健活動」各分野における最低基準を定めている。

　具体的には、1人あたりの居住空間は最低 $3.5m^2$、トイレは一時滞在施設では短期的には50人に1基、長期の生活をすごす場所では20人に1基を目安としている。また男性と女性の割合は1対3の割合で設置することとしている。

　内閣府（防災担当）の『避難所運営ガイドライン』の中で、参考にすべき国際基準としてスフィア基準を紹介している。体育館に雑魚寝という先進国とは思えない避難所を、スフィア基準を参考に見直す自治体も出てきている。

避難所のトイレ数の目安

・災害発生当初は、避難者約 50 人当たり 1 基
・その後、避難が長期化する場合には、約 20 人当たり 1 基
・トイレの平均的な使用回数は、1 日 5 回
を一つの目安として、備蓄や災害時用トイレの確保計画を作成することが望ましい。
※施設のトイレの個室（洋式便器で携帯トイレを使用）と災害用トイレを合わせた数として算出する

「避難所におけるトイレの確保・管理ガイドライン」（内閣府　平成 28 年 4 月）

(2)　避難所トイレのバリアフリー

　また、バリアフリートイレは上記の個数に含めず、避難者の状況やニーズに合わせて確保することとしている点にも留意しておく必要がある。

　一般的な仮設トイレは「汽車便」タイプ（和式便器で大小兼用のタイプ）が多く、災害時には高齢者や障害者には使いにくい。仮設トイレにも洋式トイレや車椅子の利用を想定したトイレもあるので、避難所の状況に応じて調達する際に配慮が必要である。仮設のバリアフリートイレにはトレーラー式や車載式のトイレが適している。

　ただしバリアフリートイレは外部から調達しにくいので、あらかじめ避難所として指定されている施設には整備しておくべきだ。

　限られた数のトイレを上手に使うために、元気な人は一般の仮設トイレを使い、洋式トイレは高齢者や足腰の弱い人の優先とし、屋内のトイレは障害者を優先にするなど、避難所運営の中での配慮や工夫が必要である。

　各自治体では避難所運営のためのマニュアルを作成しているが、バリアフリートイレの確保の方法、トイレの使い方についてのルールなどについてもあらかじめマニュアルに入れておく必要がある。

⑶ 女性への配慮

東日本大震では、避難所運営において女性への配慮が不十分であったことが報告がされている[vi]。岩手県では経験をふまえて市町村向けに避難所運営マニュアルのモデル例を作成している。その中で、避難所のリーダーに女性が少なかったため、女性の要望に応じた物資（女性用下着、生理用品等）の供給ができなかったり、避難所に授乳や着替えの場所、女性専用の物干し場がなく、プライバシーが確保されなかったこと等の問題を指摘し、女性用の物資を女性トイレや女性専用スペースに常備するなどの配布方法の工夫が必要であるとしている。

避難所のトイレ対策には女性の視点が不可欠で、避難所運営に女性が参画することが不可欠である。配慮すべき項目として、以下のようなことがあげられる。

トイレは男女別にし、女性用のトイレは男性用トイレより多く設置しなければならない。上述のスフィア基準では3倍とされている。これは一般的にトイレにかかる時間が女性の方が長いためである。設置場所への配慮も必要で、安全面に配慮して暗がりに設置しない、夜間は入口に照明をつける。施錠できるようにする。内部に荷物を置く場所を設ける。汚物入れを設置する。

また子どもと一緒に入られるトイレを設ける、オムツ替えスペースを設けるなど、乳幼児のトイレに対する配慮も必要である。

⑷ 仮設トイレのし尿収集

一般的な仮設トイレはトイレの下部に便槽があり、一定の容量になると汲み取って処理しなければならな

い。しかし大規模災害時には、仮設トイレ等のし尿収集に対応できなくなることが想定される。

し尿処理は衛生上の観点から迅速な対応が必要となる。災害時は仮設トイレの配備だけでなく、し尿の収集・処理の体制も併せて検討しなければならない。仮設トイレのし尿は、開設後翌日から回収が必要となるため、必要な車両の台数と手配先を具体的に検討しなければならない。平常時から仮設トイレの配置計画を策定し、仮設トイレのし尿の収集・処理計画を策定しておく必要がある。

市町村の間で相互支援協定を締結し、災害時のし尿等の収集運搬・処理の体制を確保することは重要であるが、バキューム車などの保有状況や、災害時にお互いに提供できる資機材、人材などをすりあわせておき、協定が実効性のあるものとして機能するようにしておかなければならない。また民間業者との協定を締結しているケースも多いが、広域的な災害になった場合に業者が複数自治体からのニーズに対応できるのかどうかという問題もある。

単独の市町村での対応は困難になることが想定されるため、災害廃棄物処理計画の中に市町村間の連携や協力を定めておく必要がある。

4．災害時トイレの計画と下水道の BCP

⑴　災害廃棄物処理基本計画とトイレ

環境省では自治体に災害廃棄物処理計画の策定を促しており、災害廃棄物対策指針を策定している。計画は平時に定めておくことと、発災した後の具体的な実施内容としての計画がある。トイレについて計画項目

として挙げられている内容に加え、必要と思われる項目を追加して解説しておく。

●仮設トイレの備蓄

平常時の計画としては、「災害時には公共下水道が使用できなくなることを想定し、発災初動時のし尿処理に関して、被災者の生活に支障が生じないよう、市区町村は仮設トイレ、マンホールトイレ（災害時に下水道管路にあるマンホールの上に設置するトイレ）、簡易トイレ（災害用携帯型簡易トイレ）、消臭剤、脱臭剤等の備蓄を行う」とある。

「仮設トイレは洋式トイレの比率を増やす」とあるが、具体的な調達先を調べた上で、計画に盛り込むべきだろう。

●発災後の対応

発災後は仮設トイレを計画的に設置し、設置場所一覧を作成・整理して一元的に管理する。仮設トイレの配置は、避難箇所数と避難者数、仮設トイレの種類別の必要数に加えて、自宅避難している住民やボランティア、他の自治体からの応援者、被災者捜索場所なども広く考慮して設置しなければならない。必要数の算定については、前述した方法などを参考にされたい。

また仮設トイレは配置や撤去の際に、一時保管場所が必要となる。あらかじめ必要な場所を指定しておく必要がある。

●他の自治体や団体、事業者との協力

各自治体が単独で大規模災害に対処しうる備蓄を行うことは合理的でないため、自治体間の協力によって広域的な備蓄体制を確保することとしている。特に「仮設トイレを備蓄している建設事業者団体、レンタ

ル事業者団体等と災害支援協定を締結し、し尿処理体制を確保する」とし、仮設トイレは開設翌日からし尿の汲み取り作業が必要となるため、平常時の計画段階から「必要な車両の種類と台数と手配先を具体的に検討する」としている。

被災後、被災自治体でし尿の収集・処理ができない場合は、「災害支援協定等に基づいて他の地方公共団体や民間事業者団体に支援要請し、し尿の収集運搬・処理体制を構築する」としているが、前述したように資機材を保有する団体と具体的に実効性のある取り決めをしておくことが必要である。宮城県ではし尿処理場が被災したため処理できない状況に陥り、山形県に処理を依頼している。

●発災後の協力

発災後は平時に備蓄している仮設トイレを優先利用するが、外部から調達する場合の不足分の算定と災害支援協定に基づく団体への割り振りなどの作業を迅速に行う必要がある。そのために、平時から民間事業者団体やレンタル事業者団体等との連絡調整の体制を整えておく必要がある。

●住民への対応

防災訓練において仮設トイレの使用方法、維持管理方法等について住民の意識を高める。また携帯トイレの備蓄などトイレの自助の啓発についても、計画に盛り込んでおくことが望ましい。

⑵ **下水道の BCP**

BCP（Business Continuity Plan、事業継続計画）とは、災害が発生したときに業務を中断せず執行できるように、また万一事業活動が中断した場合でも早期

に機能を再開させ、業務中断に伴うリスクを最低限にするために平時から準備しておく計画のことである。

国土交通省では、「下水道 BCP 策定マニュアル 2017 年版（地震・津波編）」を作成し、特に中小の自治体に対して最低限定めておくべき内容をまとめている。大規模地震などによって下水道が機能を果たすことができなくなった場合には、トイレが使用できないなど住民生活に大きな影響を与えるとともに、汚濁水の公共水域への流出や雨水排除機能の喪失で浸水被害が発生するおそれがある。下水道 BCP は、いつなんどき下水道施設が被災した場合でも、迅速に機能回復しなければならず、そのための非常時対応計画である。

下水道 BCP では災害時に優先して実施すべき業務（優先実施業務）を明確化し、優先実施業務以外の通常業務は積極的に休止する、又は業務継続に支障を与えない範囲とする等の内容を盛り込む。大規模災害時にリソース（人、モノ、情報、ライフライン等の資源）の制約を受けた状態で、下水道機能を回復させていく手順を整理する。

下水道 BCP に特に重要な 6 要素を下表に示す。

下水道 BCP に特に重要な 6 要素

（1） 下水道管理者等が不在時の代行順位の明確化及び職員の参集体制の構築
（2） 災害対応拠点が使用できなくなった場合の代替拠点の確保
（3） 電気、水、食料等の確保
（4） 災害時にもつながりやすい多様な通信手段
（5） 重要な行政データのバックアップ
（6） 優先実施業務の整理

出典：国土交通省下水道部「下水道 BCP 策定マニュアル 2017 年版（地震・津波編）〜実践的な下水道 BCP 策定と実効性を高める改善〜」

第 5 章　災害時のトイレ対策

初期に作成された下水道 BCP では、「下水道機能の維持を図るための取組み」や「トイレ以外の生活排水や雨水の処理機能をどのように確保していくか」が主要なねらいとされていたが、2017 年版では東日本大震災や熊本地震でのトイレ問題の経験をふまえ、避難所等の仮設トイレの対応や、水洗トイレの早期復旧という下水道事業だけでは解決が難しい課題も含めてトイレの問題を位置づけている。マンホールトイレはその一環として、国が普及を図っている。

　下水道の普及率が 80％を超える中で、トイレはほとんど下水道に依存している。下水処理施設を含む下水道の BCP は、災害時の公衆衛生のために極めて重要な施策であり、自治体はすみやかに BCP の策定に取り組むべきである。

---

i　筆者らのヒアリング調査や記録による。当時の状況は「阪神大震災トイレパニック─神戸市環境局・ボランティアの奮戦記」（日経大阪 PR 企画出版部）にまとめられている。

ii　「東日本大震災 – 宮城県の 6 か月間の災害対応とその検証」（宮城県、平成 24 年 3 月）

iii　「災害用トイレの備蓄に関する調査報告書」日本トイレ協会 2018 年 6 月

iv　（株）木村技研、日本トイレ大賞のトイレ事例集（内閣官房発行）

v　「マンホールトイレ整備・運用のためのガイドライン─2018 年版─」国土交通省下水道部

vi　岩手県市町村避難所運営マニュアル作成モデル

今後の取り組み課題

1．清掃・メンテナンスの強化

(1) 自治体の管理するトイレはなぜ汚くなるのか

　自治体が管理する公共トイレはなんとなく汚い。そんな印象を持つ人は少なくないだろう。「なんとなく汚い」という印象は、「たまに新しい公衆トイレを見かけるけど、まちのトイレ全体ではやっぱり汚いね」ということと、「お金をかけてつくったトイレだけど、よく見ると細かいところに汚れがたまってやっぱり臭うね」という二つの点からくるものだろう。トイレは「家の顔」とか「店の顔」とか言われることがあるが、敷衍すれば「トイレはまちの顔」である。トイレの清掃やメンテナンスは、まちの印象にもつながる大事な仕事である。

　課題はいくつか指摘できる。もっとも重要なことは、清掃やメンテナンスに適正な費用をかけているかどうかである。トイレの清掃には日常的な清掃と、それをバックアップするプロの手による清掃やメンテナンスがある。そのことをふまえた上で、適正な予算を組まなければならない。

　もうひとつは、まちの中のいろいろなトイレの清掃やメンテナンスの質がそろっていないことである。トイレによって設置や維持管理の主体が違い、一元的に管理する体制になっていない。駅前の公衆トイレ、公園のトイレ、道の駅のトイレ、河川敷のトイレ、海水

浴場の公衆トイレは、おそらく管理しているセクションがそれぞれ異なる自治体が多いだろう。そのため清掃やメンテナンスにレベル差が生じて、たまたま汚いトイレに遭遇するとそのまちのトイレはみんな汚いという印象につながってしまう。

　自治体の管理する公共トイレは誰が清掃しているのかについて詳しく調べたデータは少ないが、2005年に出版された「公共トイレ管理者白書」によると、民間の清掃業者に委託しているケースが40％、公園協会やシルバー人材センターなどの行政の関連団体が27％、地元住民やボランティアが18％、その他は自治体の職員や臨時職員、アルバイトなどである[i]。

　また公園のトイレについて調査した論文[ii]によると、調査対象のすべての自治体（35自治体）で公園トイレの清掃を外部委託しており、その方法は公園と公園トイレの管理・清掃を別々の業者に委託している「分割委託」、公園と公園トイレの管理・清掃を同じ業者に委託している「一括委託」、「混合委託」の3つのタイプがある。大規模な公園トイレは民間業者で、利用者の少ない公園ではシルバー人材センターに委託するなど、委託先は様々である。

　公衆トイレも公園トイレも、委託の方法や内容、仕様の項目、それに対する費用算出方法が様々で、担当者は少ない予算の中でトイレの管理業務に苦労している声が聞かれる。実際のところ、公共トイレの清掃・メンテナンスの仕事については、自治体間の情報交換や職員の交流もほとんど行われておらず、担当者が手探りで行っている状態である。ハード面には関心が集まっているが、つくったあとのメンテナンスについて、もっと日が当たるようにしなければならない。

(2) メンテナンスのポイント

快適なトイレを維持するためには、「汚れはすぐに除去する」「壊れはすぐに手当てする」ことが基本である。日本トイレ協会メンテナンス研究会の「トイレメンテナンスマニュアル」[iii]から、メンテナンスのポイントを紹介しておこう。

トイレメンテナンスには「基本清掃」として「日常清掃」「点検」「定期清掃」があり、これらの作業をカバーする形でプロフェッショナルによる「バックアップメンテナンス」と「修繕」がある。これら5つの要素を必要に応じて組み合わせることで、基本清掃の作業効率や効果をさらに高めることができる。

トイレメンテナンスの5つの要素

出典：「トイレメンテナンスマニュアル」日本トイレ協会メンテナンス研究会

● 日常清掃

日常清掃とは原則として毎日行う清掃で、日々の汚れを除去し、いたずらや破損の点検を行う。清掃の回数は利用者の数や頻度によって違う。

日常清掃は清掃業者に委託するケース、シルバー人材センターなどに委託するケース、公園愛護会や地域のボランティア活動で実施するケースなど様々な形態がある。委託する場合は作業の仕様書を作成しておく

ことが必要である。またボランティアによる清掃も、作業手順をマニュアル化しておくと作業の質が担保される。

●点検

設備の破損や不具合、汚れの蓄積などをチェックする作業である。何らかの措置が必要な場合は、管理者にすみやかに報告する仕組みを整えておかなければならない。汚れの蓄積状況については毎日見てる者には気づきにくいものなので、あらためて別の担当者が定期的に観察したり、管理者が直接点検するようにすると効果的である。

●定期清掃

定期清掃とは日常清掃していても徐々に蓄積する汚れや、普段は清掃できない場所や外壁などを対象とし、月単位、年単位で計画的に行う清掃である。

●プロフェッショナルメンテナンス

汚れのメカニズムについて熟知した技術者が、汚れやにおいなどのトラブルを根本的に解消するメンテナンスである。

プロフェッショナルメンテナンスの例として排水管の洗浄がある。トイレの臭気の原因として「尿石」（にょうせき）がある。尿石とは尿の成分が固まって石化したもので、時間の経過とともにトラップや排水管に形成される。また排水管には細菌の層であるバイオフィルムが形成され、排水管を詰まらせたり臭気の原因になる。尿石や排水管の詰まりを除去するためには、高圧洗浄を行ったり専用の薬剤を使った清掃などが必要となる。

プロフェッショナルメンテナンスを導入することで、古いトイレが見違えるようにきれいになることも

ある。目安としては年に一回から数年に一回程度である。

●修繕

修繕には、いたずらや破壊行為などによる突発的なものへの対応と、摩耗や経年変化による傷みへの対応がある。前者は可及的すみやかに実施する必要があるが、後者についてはあらかじめ想定できるので、長期的な計画を立てておくことが望ましい。

(3) 清掃業務委託の問題点と改善

日常の清掃作業をどのように行うかによって、トイレの清潔さや快適さに大きな違いが生じる。日常清掃をきちんと行っているつもりでも、今ひとつトイレがきれいにならないと感じることもある。その原因は清掃作業の仕方にある。

そもそも自治体がトイレの清掃にかける予算が少ないことと、委託作業の仕様の内容が十分でないことが問題である。自治体が管理する公共トイレの清掃・メンテナンスを良好に行うためには、まず仕様書と委託費の標準化が必要である。また、清掃・メンテナンス状況をチェックする仕組みがないことも問題である。委託業者からの報告だけでなく、利用者によるモニタリングを行うことで、問題点の把握やメンテナンスのレベルアップにつながるだろう。

日本トイレ協会メンテナンス研究会では、上記のような問題を解決するために、清掃作業の仕様書を作成している（巻末資料を参照）。自治体の中には清掃業務の委託に際して、この仕様書を活用しているところもある。日常清掃の細かい作業内容までが仕様に書き込んであるので、実際の仕様書を作成する場合はトイ

レの状況に応じて必要な項目を選択すればよい。

またトイレ清掃に従事する作業員の育成や教育も必要である。日本は公共の場所はおおむねどこも清潔で、新幹線や空港、高速道路などの清潔さ、とりわけトイレのきれいさは外国人にも高く評価されている。その最大の理由は、清掃やメンテナンスに従事する人たちの職業意識の高さだろう。またわれわれはこうしたプロの仕事をする人を「職人」と呼んでリスペクトする。トイレ清掃のプロたちは「職人」であり、上記の施設の管理会社が職人を育ててきた。公共トイレについても、自治体と受託会社の間で「職人」を育成することをぜひ考えてほしい。

2．公民連携による快適トイレ環境づくり

⑴　トイレのネーミングライツ

維持管理の手法として最近注目を集めているのが、公衆トイレのネーミングライツである。ネーミングライツとは、公共施設にスポンサー企業の社名やブランド名をつける権利で、「命名権」とも呼ばれる。アメリカで90年代後半から野球場やアメリカンフットボール場で急速に広まり、日本でもスポーツ施設、公園、駅、公有林など、様々な施設に広がっている。

公衆トイレのネーミングライツを最初に導入したのは東京都渋谷区で、2009年からスタートした。例えば、恵比寿駅前のトイレは「恵比寿 KANSEI トイレ」で、地元の下水道維持管理会社「菅清工業株式会社」が命名権を取得して、自社名をつけている。区役所前トイレは「トイレ診断士の厠堂」（「トイレ診断士」はトイレのメンテナンス事業のフランチャイズ会社が厚

労省認定の社内検定として設けた技能認定の名前)、神宮前公衆トイレは「シブミックトイレ」(シブヤと社名のカルミックを合わせて命名) など、ユニークな名前がついている。

　自治体によって制度が異なるが、渋谷区の例では年間10万円を最低の契約料とし、それ以外の対価は施設整備や維持管理などで可能としている。トイレ清掃のプロフェッショナル企業の場合は、命名に恥じないようなメンテナンスを行ってもらえることが期待できる。

　契約金額はおおむね年間10万円〜20万円程度で、清掃やメンテナンスを条件にしているところや別に清掃を委託しているケースもある。

　様々な公共施設にネーミングライツが広がっているが、公衆トイレのような小規模な公共施設は少額での契約が可能で、応募しやすい。事業者とのパートナーシップで公衆トイレが住民の身近な施設になり、メンテナンスの質の向上や経費の節約につながる。

トイレ診断士の厠堂(ネーミングライツのトイレ)

京都市木屋町の公衆トイレはトイレ清掃会社がネーミングライツを取得し管理も行っている。

⑵ まちの駅

　道の駅は市町村または公的セクターが設置する一般道の休憩施設で、24時間利用可能なトイレを備えていることが要件となっており、公衆トイレの一種と言える。もともとは、まちづくりや地域間の交流活動に取り組んでいた「地域交流センター」（現在は特定非営利活動法人）が提唱したものである。日本トイレ協会はこの地域交流センターから派生した組織である。道の駅は国土交通省の道路施策として位置づけられ、今や全国に広がっている。このおかげで、観光地に向かう一般国道などでトイレに困ることも少なくなった。

　まちの駅は道の駅から派生して生まれたアイデアで、「ひと・テーマ・まちをつなぐ拠点」として、まちの中に地域住民や来訪者が自由に利用できる休憩場所や地域情報を提供する機能を備え、地域内交流・地域間連携を促進する場として位置づけるものである。NPO法人地域交流センターが推進役となっている[iv]。

　まちの駅の機能として、①休憩機能－誰でもトイレが利用でき、無料で休憩できる機能、②案内機能－まちの案内人が、地域の情報について丁寧に教える機能、③交流機能－地域の人と来訪者の、出会いと交流のサポートをする機能、④連携機能－まちの駅間でネットワークし、もてなしの地域づくりをめざす機能、の4つがあり、誰でも使えるトイレがあることが必須の要件である。

　まちの駅は主に、既存施設を活用して設置することを想定しており、その設置・運営主体は行政・民間を問わない。場所や施設に制限はなく、誰でも要件さえ満たせばまちの駅となることができる。それぞれのまちの駅には活動テーマがあり、各施設のテーマには、

福祉、医療、アート、教育、スポーツ、観光、農業、海など、様々なものがある。現在、全国に約1600のまちの駅があるが、そのほとんどは民間の施設で、商店や飲食店、物販店などさまざまな形態のまちの駅がある。

　観光施策やまちづくり戦略としてまちの駅の普及を図っている市町村も多くあり、こうした地域ではトイレの利用を含め、観光客が気軽に散策できる環境づくりにまちの駅が大きく貢献している。まちの駅は共通のシンボルマークを掲げているので、全国どこでもトイレを借りることができる。

まちの駅のサイン

(3) 民間トイレの開放

　コンビニはかつては、防犯上の問題もあって積極的にトイレを開放していなかったが、利用者からトイレの貸し出しの要望が多かったことから、1990年代中頃からサービスの一環として開放されるようになった。現在では夜間の安全が確保できないなどの一部の例外を除いて、終日トイレは開放されるようになり、公共性の高い性格を持っている。

　災害時の帰宅困難者支援として、トイレや物資を提

供する協定を結ぶ自治体も増えている。ガソリンスタンドなどとともに、新たな公共トイレとしての役割が注目されているが、利用者に対する認知度の向上、利用者のマナー啓発、維持管理に関する費用等の支援など、民間任せにしない施策が必要である。

　前述したように、東京都千代田区は、区内の民間施設のトイレを開放する制度を設け、「ちよだ安心トイレ推進事業の実施に関する協定」を締結している。2020年までの期間限定ということだが、有楽町やお茶の水、秋葉原、四谷、永田町などの商業施設やオフィスビル、コンビニが対象で、区内約150カ所のトイレが誰でも使えることになった。事業者には協力金3万円が支給される。利用できるトイレの入り口などには、案内用に英語と日本語の周知用パネルやステッカーを掲示し、パネル内のQRコードからは区のホームページにつながる。同ページで日、英、中、韓の四言語でトイレの場所や設備情報を発信するという仕組みだ。

　今後の課題として、こうした公民連携によるトイレ環境の整備を進めていく必要があるだろう。

ちよだ安心トイレのサイン
（千代田区ホームページ）

3.「トイレ課」の提案

(1) トイレ担当の統合の必要性

　公共トイレの管理主体が多岐にわたることはすでに述べたとおりである。そのためにトイレの清掃・メンテナンスの質がばらばらで、統一的な管理ができていないことが、公共トイレの印象を悪くしている要因のひとつである。またそれぞれのセクションでトイレの管理に当たる業務はそれほど多くないので、仕事として軽視されがちであるし、管理のノウハウもなかなか蓄積されない。トイレの管理に従事している職員同士が、問題やノウハウを共有しているところも少ないだろう。

　またトイレの設計や建設を担当するセクションで、利用者のニーズを反映するために横断的な取り組みをしているかどうかも課題である。障害者の支援を担当する部門、高齢者対策の部門、子ども・子育て部門では、それぞれ車椅子利用者や認知症の高齢者の外出や、乳幼児のオムツやトイレの問題について、住民のニーズが届いていても、それを公衆トイレ、公園トイレの担当セクションに届ける仕組みになっているだろうか。

　ユニバーサルデザインのまちづくりのためには、自治体が管理するトイレだけでなく、駅のトイレや商業施設のトイレ、コンビニのトイレなども含めた「トイレのネットワーク化」をはかり、それぞれの施設がトイレの機能を補完し合って、地域全体でのバリアフリーやユニバーサルデザインを実現していかなければならない。こうした調整機能はどこが、どう果たすのかという課題もある。

災害時のトイレの問題についても、防災担当が策定する地域防災計画と環境セクションが策定する災害廃棄物処理計画の整合を図るとともに、非常時におけるトイレ問題については一元的な対応が求められるが、その対応は十分できるのたろうか。

　こうした観点から考えると、公共トイレの設置や維持管理を含めてトイレに関する施策を統合し、まちづくりの視点から俯瞰的にトイレ問題を考える必要があるのではないだろうか。

⑵　「トイレ課」の仕事

　トイレ課は、自治体のトイレに関する業務を一括、横断的に所管する。具体的にはつぎのようなことが考えられるだろう。

●自治体が所管するすべての公共トイレの管理

　すべての公共トイレの清掃業務の委託や保守点検業務をトイレ課に集約する。清掃業務の委託仕様書を統一し、業者からの業務報告を受け取り、定期的に巡回して保守点検を担当する。いたずらや突発的な事故で故障したり破損した場合は、窓口となって迅速に対応する。

●公共トイレの改修や新設

　中長期的な公共トイレ整備計画を策定し、計画的に改築、改修や新規の建設を行う。改築や新設に当たっては、障害者や、住民の多様な意見を集約し、設計に反映させる。住民参加によるトイレづくりや、ネーミングライツなど公民協働と連携によるトイレづくりを主導する。

●民間施設との協定やトイレネットワーク構築

　民間とトイレ利用に関する協定を締結したり、トイ

レ開放の制度づくりや支援などを行う。ユニバーサルデザインのまちづくりの観点から、トイレのネットワーク構築やトイレマップの作成、トイレアプリの開発など、トイレ情報の発信を担当する。

●トイレ教育、啓発

「便育」やトイレ学習を担当する。時には講師になって、学校や幼稚園に出向く。市民にもトイレの利用マナーなどの啓発を行う。トイレ清掃のボランティアを育成したり、ボランティアに対して清掃用具の貸与などの支援を行う。

●災害時のトイレ計画

災害時のトイレ計画を策定する。地域防災計画や災害廃棄物処理計画の中のトイレ部門を所管して、非常時に実効性のある準備をしておく。携帯トイレの備蓄などの啓発や、防災訓練で組み立てトイレの組み立て訓練などを指導する。実際の災害時には、避難所のトイレ設置や管理を行う。

思いつくままに列記してみたが、トイレに関する仕事はまだまだありそうだ。まちづくりにはトイレが大事だという視点から、総合的なトイレ行政の展開を望みたい。

---

i　180自治体から複数回答257件の内訳。出典は坂本菜子編「公共トイレ管理者白書」(平成17年2月、オーム社)

ii　亀井靖子、福井典子、曽根陽子、山本康友「公園トイレにおける各自治体の清掃委託の現状—公共空間における維持管理保全の手法に関する研究—」日本建築学会技術報告集　第18巻第39号、749-753、2012年6月

iii　日本トイレ協会メンテナンス研究会報告5「トイレメンテナンスマニュアル」(平成29年5月第8版より)

iv　全国まちの駅連絡協議会：事務局 NPO 地域交流センター

　　〒101-0031　東京都千代田区東神田 1-7-10KI ビル3階 TEL：03-5823-4190

日常清掃仕様書

Ⅰ．一般事項（例）

1. 受託者は管理担当者の指示に従い、当該仕様書に基づき作業を行うこと。
2. 作業時は利用者に迷惑がかからぬように充分に注意し、不快の念を与えないようにすること。
3. 受託者は清掃作業日報を毎月管理担当者に提出することとするが、異常のある場合は都度報告すること。
4. 本仕様書に定める事項について疑義が生じた場合及び、定めのない事項が生じた場合は管理担当者と協議して作業を行うこと。

Ⅱ．作業箇所　　　　　○○公園○○広場トイレ

Ⅲ．作業内容

1．作業対象

作業対象	数　量	汚れの種類
①床面		泥、ゴミ、尿、便.
②壁面		手垢、清掃時の水滴、尿、便、簡単に除去できるホコリ、落書き
③建具		手垢、清掃時の水滴、尿、便、簡単に除去できるホコリ、落書き
④大便器		尿、便、泥
⑤小便器		尿、吸い殻、ゴミや毛
⑥手洗器		ホコリ、髪の毛
⑦棚、鏡、てすり		ホコリ、手垢、ゴミ
⑧建物の外回り		ゴミ、簡単に除去できる落書き
⑨消耗品の補充		トイレットペーパー、液体石けん
⑩ゴミの回収		汚物入れ、ゴミ箱、灰皿
⑩点検		設備や建物の不具合と清掃のやり残しがないかを確認する

2．作業実施頻度　　　　毎日○回

3．作業概要

①床面
- ・ゴミを拾う。
- ・洗剤を用い、デッキブラシで洗浄する。
- ・ブース内大便器周辺、小便器周辺の床は特に念入りにブラシで洗浄する。
- ・洗浄後は水で洗剤を洗い流し、ワイパーまたはスポンジモップなどで水切りを行う。
- ・ガムなどの付着があればガム取りなどで除去する。

②壁面（床上 1.5m 程度の範囲）
- ・特に小便器、大便器、手洗器周辺の壁を念入りに洗剤を塗布したスポンジなどで洗浄する。
- ・洗浄後は水で洗剤を洗い流し、ウエスまたはスポンジモップなどで水切りを行う。
- ・簡単に除去できる落書きがあれば落書き落としなどで除去する。
- ・クモの巣やホコリなどがあればモップやウエスなどで除去する。（床上 1.5m 以上の場合も含む）

③建具（扉、パーティション、窓など）
　・汚れ、手垢はウエスで洗剤拭きした後、水拭きを行う。
　・清掃時にとびはねた水滴はウエスで拭き取る。
　・簡単に除去できる這書きがあれば落書き落としなどで除去する。
　・クモの巣やホコリ、虫の死がいなどがあればモップやウエスなどで除去する。
④大便器（洋風大便器がある場合は便座 t 含む）
　・和風大便器は便器の内側、金かくしの内側など丁寧に洗剤を用いてブラッシングする。
　・洋風大便器は便器の内側を洗剤を用いてブラッシングし、便座の表裏や取り付け部分は洗剤拭きした後、必ず水拭きを行う。先剤が残らないように注意する。
　・仕上げに便器の外側を拭きあげる。洋風大便器でボルトが付いている場合は、すき間ブラシなどで清掃する。
　・フラッシュバルブなどの金属部分は水滴が残らないように乾いたウエスで拭きあげる。
　・タンク式の場合はタンクの表面を洗剤拭きした後、水拭きする。
　・ラバーカップなどで解消できる詰まりには対処する。
⑤小便器（トラップ及び、目皿の清掃を含む）
　・便器のリムの内側は洗剤を用いて念入りにブラッシングする。
　・目皿、又は着脱式トラップを外し、洗剤を用いてブラッシングする。トラップ内、排水管の中（届く範囲）も洗剤を用いてブラッシングする。
　・フラッシュバルブなどの金属部分は水滴が残らないように乾いたウエスで拭きあげる。
　・仕上げに便器の外側を拭きあげる。
　・ラバーカップなどで解消できる詰まりには対処する。
⑥手洗器
　・手洗器全体を洗剤を用いてスポンジなどで洗浄する。
　・オーバーフロー穴などがあればすき間ブラシなどで清掃する。
　・水栓金具、及び周囲の細かい部分はすき間ブラシなどで洗浄する。
　・水栓金具、排水管などの金属部分は水滴が残らないように乾いたウエスで拭きあげる。
⑦細、鏡、てすり
　・ホコリ、汚れ、手垢はウエスで洗剤拭きした後、水拭きする。
　・鏡は、ウエスで水拭きした後、乾いたウエスで拭きあげる。
③建物の外回り
　・ゴミがあれば拾い集める。
　・簡単に除去できる落書きがあれば落書き落としなどで除去する。
⑨消耗品の補充
　・トイレットペーパーの補充を行う。
　・液体石けんを設置している場合は液の補充も行う。
⑩ゴミの回収
　・汚物入れ、ゴミ箱、灰皿に溜ったゴミや吸い殻を回収する。
⑪点検
　・設備や建物の不具合と清掃のやり残しがないかをチェックシートをもとに確認する。（チェックシートを作成しておく）

この例では、日常清掃で考えられる全ての作業項目を記載しています。実際の仕様書を作成する際には対象トイレの状況に応じて、この中から必要な項目を選択して、編集してください。（特殊な材質を用いたトイレでは項目を付加する必要もあります）　　　出典：トイレメンテナンスマニュアル

著者略歴

山本　耕平（やまもと　こうへい）

株式会社ダイナックス都市環境研究所代表取締役、一般社団法人日本トイレ協会理事・副会長

兵庫県姫路市生まれ。1977年早稲田大学政治経済学部政治学科卒業。神戸市役所勤務を経て84年に（株）ダイナックス都市環境研究所設立。廃棄物問題や環境問題のコンサルタントとして活動するかたわら、「トイレットピア研究会」を立ち上げ、その活動が様々なマスメディアに取り上げられたことがトイレ革命のきっかけとなった。85年5月に公共トイレの改善をめざして「日本トイレ協会」設立に参画し95年まで事務局長を務めた。93年には世界初のトイレに関する国際会議を神戸で開催し、日本のトイレが世界に知られるきっかけとなった。2016年に一般社団法人となり理事。著書に、「トイレ学大事典」（日本トイレ協会編・編集委員、柏書房）、「まちづくりにはトイレが大事」（北斗出版）、「トイレが変わるまちが変わる」（保育社）、「新しい公共と自治の現場」（共著、コモンズ）、「災害廃棄物」（共編、中央法規）等。

トイレがつくる
ユニバーサルなまち
自治体の「トイレ政策」を考える

発行日	2019 年 6 月 20 日
著 者	山本　耕平©
発行人	片岡　幸三
印刷所	倉敷印刷株式会社
発行所	**イマジン出版株式会社**©

〒 112-0013　東京都文京区音羽 1-5-8
電話　03-3942-2520　FAX　03-3942-2623
HP　https://www.imagine-j.co.jp/

ISBN978-4-87299-818-4　C0036　￥1200E

落丁・乱丁の場合は小社にてお取替えいたします。